中国味精行业清洁生产进展研究报告

环境保护部清洁生产中心
中国生物发酵产业协会　编著

U0321772

中国环境出版社·北京

图书在版编目(CIP)数据

中国味精行业清洁生产进展研究报告 / 环境保护部清洁
生产中心，中国生物发酵产业协会编著. —北京：中国环
境出版社，2017.12
ISBN 978-7-5111-3439-4

Ⅰ．①中…　Ⅱ．①环…②中…　Ⅲ．①味精—生产—无污
染工业—研究报告—中国—2017　Ⅳ．①X792

中国版本图书馆 CIP 数据核字（2017）第 304851 号

出 版 人　武德凯
责任编辑　黄　颖
责任校对　尹　芳
封面设计　岳　帅

出版发行　中国环境出版社
　　　　　（100062　北京市东城区广渠门内大街 16 号）
　　　　　网　　　址：http://www.cesp.com.cn
　　　　　电子邮箱：bjgl@cesp.com.cn
　　　　　联系电话：010-67112765（编辑管理部）
印　　刷　北京建宏印刷有限公司
经　　销　各地新华书店
版　　次　2017 年 12 月第 1 版
印　　次　2017 年 12 月第 1 次印刷
开　　本　787×960　1/16
印　　张　12.75
字　　数　260 千字
定　　价　48.00 元

《中国味精行业清洁生产进展研究报告》

编写委员会

主　　编：白艳英　周长波　冯志合

编写人员：周　奇　卢　涛　吴　昊　关　丹　宋丹娜

　　　　　朱　凯　胡冬雪

前　言

　　味精（学名谷氨酸钠）是无色至白色的柱状结晶或白色结晶性粉末，有很浓的鲜味。味精是以淀粉质为原料（大多数企业以玉米作为原料，少数企业以大米或糖蜜作为原料）通过微生物发酵转化为谷氨酸，再经过提取、中和、精制制得。味精被食用后，经胃酸作用转化为谷氨酸，被消化吸收构成蛋白质并参与体内其他代谢过程，有较高的营养价值。1987 年，联合国粮农组织和世界卫生组织宣布，取消对味精的食用限量，味精作为一种增加食品风味的调味料，不再需要评价其每日被容许摄入量。

　　我国味精的生产始于 1923 年，至今已有近 100 年的历史。味精行业经过几十年的不断革新，生产能力及技术均得到了较大提高。近年来，随着国内外需求的不断增加，我国味精行业发展迅速，行业规模不断扩大，产量保持着增长的态势。目前我国味精产量位居世界第一位，占到世界味精产量的 70%以上。以味精为代表的氨基酸工业已经成为我国发酵工业的重要组成部分。

　　几年前，高耗能、排污量大等环保问题一直是味精生产企业的"老大难"，制约着行业的发展。我国轻工业排放的 COD 约占全国排放总量的 65%，其中食品发酵工业占 23%，而味精是发酵行业的污染源之一。"十二五"期间，国家对味精行业的政策导向和倒逼机制促使企业加大了在环保方面的投入，味精行业污染物排放标准提升、开展味精行业环保核查和清洁生产审核等举措促使味精行业发生了翻天覆地的变化，产业结构趋于合理，生产技术水平及自动化程度有了飞速发展，各项生产工艺参数及消耗指标都得到优化，污染物产生量与排放量也逐年降低，清洁生产水平得到明显提升。

　　为了让政府管理部门、社会相关方及时了解味精行业的发展现状、清洁生产水平及潜力，促进味精行业企业积极开展清洁生产，环保部清洁生产中心组织中国生物发酵产业协会有关专家共同编写了这本《味精行业清洁生产进展研究报告》，希望对关注、关心味精行业发展状况的决策者、管理者、学者及行业的同人提供清洁生产实践案例。

　　本进展报告包括七个部分。

第一部分简要介绍清洁生产、清洁生产审核的含义及味精行业开展清洁生产的意义，由吴昊、宋丹娜编写。

第二部分介绍味精行业国内外现状与发展趋势，由关丹编写。

第三部分是对近些年来促使味精行业发生明显变化的环境保护、产业政策、行业清洁生产指导文件的介绍，由周奇、宋丹娜、朱凯编写。

第四部分是味精行业主要生产工艺、产排污状况及污染治理状况的介绍，由卢涛编写。

第五部分是味精行业清洁生产进展及潜力分析，由周奇编写。

第六部分对味精行业清洁生产推进提出建议，由胡冬雪、吴昊、关丹编写。

第七部分收录了国家各部委出台的有关味精行业发展的产业政策、环境保护规定及清洁生产推进指导文件，由朱凯、胡冬雪、吴昊、周奇编写。

由于编者学识水平有限，不当之处在所难免，恳请广大读者批评指正。

《中国味精行业清洁生产进展研究报告》
编写委员会
2017 年 11 月

目　录

第1章　清洁生产概述

1.1　清洁生产的起源、概念及其内涵

1.1.1　清洁生产的起源——污染防治的新阶段

　　清洁生产作为创新性的环境保护理念与战略，它摒弃了传统环境管理模式的"先污染后治理"，逐渐由末端治理向全过程控制的源头削减转变。清洁生产使原有的被动、事后、补救、消极的环保战略转变为主动、事前、预防、积极的环保战略。纵观工业污染防治的发展历程，清洁生产的起源与其有着密不可分的关联。

　　工业发展之路伴随着对地球资源的过度消耗和对环境的严重污染。自18世纪中叶工业革命以来，传统的工业化道路主宰了发达国家几百年的工业化进程，它使社会生产力获得了极大的发展，创造了前所未有的巨大物质财富，但是也付出了过量消耗资源和牺牲生态环境的惨重代价。20世纪四五十年代，人们开始从沉痛的代价中觉醒，西方工业国家开始关注环境问题，并进行了大规模的环境治理，环境保护历程也由此拉开序幕。工业化国家的污染防治先后经历了"稀释排放""末端治理""现场回用"直至"清洁生产"的发展历程，见图1.1。

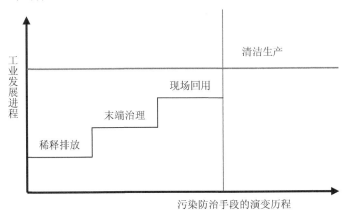

图 1.1　污染防治手段随工业发展的演变历程

工业化进程中最初的污染防治手段是"稀释排放",为了降低排污口浓度,达到国家限制性标准,工业企业采用的对策是先对产生的污染物进行人为"稀释",然后再直接排放到环境中,这种做法被称为"稀释排放"。随着工业的大规模快速发展,人们很快发现单纯的限制性措施和稀释排放的环境治理手段根本无法遏制工业发展带给全球环境的污染问题,因为这些污染物最终仍要自然界来消纳。于是,从20世纪60年代开始,各主要发达国家开始通过各种方式和手段对生产过程中已经产生的废物进行处理,控制措施位于企业生产环节的最末端,因此称为"末端治理",以"末端治理"为主的环境保护战略在其出现后的30多年里长期主导着各国的工业污染防治工作。随着工业化进程的不断深入,末端治理的弊端也逐渐体现出来,表现在与企业生产过程相脱节、高额的投资与运行费用、资源利用率低、很难从根本上消除污染等,这就促使一些企业尝试着开始寻找新的解决环境污染问题的途径,开始对企业产生出来的废弃物进行现场回收利用,将废弃物中含有的有用的生产资料直接或者经过简单厂内处理后回用于生产过程,在减少末端治理设施的处理压力的同时,也减少了原辅材料的投入,在一定程度上节约了企业的生产成本。

工业化国家经过了30多年以末端治理为主导的环境保护道路之后,全球环境恶化趋势依然没有得到有效地遏制,全球气候变暖、臭氧层的耗损与破坏、生物多样性锐减、土地荒漠化以及水、大气、土壤等环境介质等严重污染全球性的环境问题逐步凸显出来。这些问题都促使各国尤其是发达的工业化国家开始重新审视走过的污染治理道路。而清洁生产就是各国在反省传统的以末端治理为主的污染控制措施的种种不足后,提出的一种以源头削减为主要特征的环境战略。从源头上削减废弃物的产生,将更多的资源和能源转化为可以给企业带来直接效益的产品,同时减少污染物的产生量和处理量,是解决工业企业环境污染问题的根本之路,即清洁生产之路。清洁生产有效地解决了末端治理等传统的污染防治手段在经济效益和环境效益之间矛盾,实现了两者的有机统一,从而形成了企业内部实施和推广清洁生产的原动力。

1.1.2　清洁生产的概念及其内涵

清洁生产在不同的发展阶段或不同的国家有不同的提法,如"污染预防""废弃物最小化""源削减""无废工艺"等,但其基本内涵是一致的,即对生产过程、产品及服务采用污染预防的战略来提高资源能源利用效率,从而减少污染物的产生。

（1）联合国环境规划署的清洁生产概念及其内涵

联合国环境规划署 1989 年首次提出清洁生产的定义，并于 1996 年对清洁生产的定义进行了进一步修订如下：

"清洁生产是一种新的创造性思想，该思想将整体预防的环境战略持续应用于生产过程、产品和服务中，以增加生态效率和减少人类及环境的风险。

对生产过程，要求节约原材料和能源，淘汰有毒原材料，削减所有废弃物的数量和毒性。

对产品，要求减少从原材料提炼到产品最终处置的全生命周期的不利影响。

对服务，要求将环境因素纳入设计和所提供的服务中。"

在这个定义中充分体现了清洁生产的三项主要内容，即清洁的原辅材料与能源、清洁的生产过程及清洁的产品与服务。

（2）我国的清洁生产定义及其内涵

我国 2003 年开始实施的《中华人民共和国清洁生产促进法》中，对清洁生产给出了以下定义："清洁生产，是指不断采取改进设计、使用清洁的能源和原料、采用先进的工艺技术与设备、改善管理、综合利用等措施，从源头削减污染，提高资源利用效率，减少或者避免生产、服务和产品使用过程中污染物的产生和排放，以减轻或者消除对人类健康和环境的危害。"

在这个清洁生产定义中包含了两层含义：①清洁生产的目的。清洁生产的目的是从源头削减污染物的产生量，提高资源利用效率，以减轻或者消除对人类健康和环境的危害。②清洁生产的手段和措施。清洁生产的手段和措施包括"改进设计"、使用"清洁的原料和能源"、采用"先进的工艺技术与设备"、进行"综合利用"和"改善管理"等。除"改善管理"以外，其他的所有内容都与应用清洁生产技术相关，采用先进的工艺技术即采用清洁生产技术。清洁生产的核心是科学利用资源，提高资源利用效率，让企业采用清洁生产技术改造老装置、建设新装置，使生产可持续地发展，经济发展与环境保护相协调。值得指出的是，在这里，把产生的废弃物的场内回收利用和资源化综合利用归入清洁生产的范畴，而不划归末端治理的范围。

1.2　清洁生产与清洁生产审核

1.2.1　清洁生产审核是企业推行清洁生产最主要的方式之一

企业可以通过以下几个方面的工作来实施清洁生产：①进行企业清洁生产审核；②开发长期的企业清洁生产战略计划；③对职工进行清洁生产的教育和培训；

④进行产品全生命周期分析；⑤进行产品生态设计；⑥研究清洁生产的替代技术。其中清洁生产审核是推行企业实施清洁生产最主要、也是最具可操作性的方法。

2004 年颁布的《清洁生产审核暂行办法》中对清洁生产审核做出如下定义：清洁生产审核，是指按照一定程序，对生产和服务过程进行调查和诊断，找出能耗高、物耗高、污染重的原因，提出减少有毒有害物料的使用、产生，降低能耗、物耗以及废物产生的方案，进而选定技术经济及环境可行的清洁生产方案的过程。目前我国清洁生产审核分为强制性清洁生产审核和自愿性清洁生产审核。

清洁生产审核的对象是企业，通过分析企业的污染来源、废弃物产生原因及其解决方案的思维方式来寻找尽可能高效率利用资源，同时减少或消除废物产生和排放的方法，是一种从污染防治的角度对现有工业生产活动中物料走向和转换所实行的分析和评估程序。实践证明，清洁生产审核是企业进行清洁生产最有效的手段。

清洁生产审核的步骤为：

第一，查清废弃物产生的部位和数量。通过现场调查和物料衡算，找出废弃物（包括废物和排放物）产生的部位和数量。

第二，查明废弃物产生的原因。针对生产过程的各个环节，从原辅材料及能源、技术工艺、设备、过程控制、产品、废弃物、管理、员工素质等各个方面进行分析，找出原因。

第三，提出减少或消除废弃物的对策方案。针对每个废弃物产生的原因，设计相应的清洁生产方案，包括无费、低费方案和中费、高费方案。方案可以是几个或数个，通过实施这些清洁生产方案，达到消除或减少废弃物产生的目的。

1.2.2 我国清洁生产审核进展

清洁生产审核是清洁生产推进的主要手段，2004 年国家颁布实施《清洁生产审核暂行办法》后，清洁生产审核工作取得了很大进展。清洁生产审核作为实施清洁生产的重要手段，在我国许多行业已大力开展起来，其从源头至整个工艺过程找寻清洁生产机会，而后再提出技术经济及环境可行的清洁生产方案的这一模式已广为各界接受。我国企业清洁生产审核也由最初的自愿性清洁生产审核发展到强制性清洁生产审核和自愿性清洁生产审核两种模式齐头并进状态。2016 年，国家发展改革委、环境保护部对《清洁生产审核暂行办法》进行了修订，发布了《清洁生产审核办法》。

环境保护部陆续出台了针对重点企业实施强制性清洁生产审核的若干政策措施，制定了《关于印发重点企业清洁生产审核程序的通知》《关于进一步加强重点企业清洁生产审核工作的通知》《关于深入推进重点企业清洁生产的通知》等文件，将清洁生产与污染物减排、重金属污染防治工作结合起来，建立了促进重点企业清洁生产的政策法规标准体系，使重点企业清洁生产审核有法可依。截至 2012 年 9 月，共发布了 5 批实施清洁生产审核并通过评估验收的重点企业名单（清洁生产公告），共 17 862 家。2008—2016 年，连续发布了 7 个全国重点企业清洁生产审核及评估验收情况的通报或年报（其中 2011—2013 年合并为一个发布，2015—2016 年以年报形式发布），对全国各省市清洁生产审核、评估、验收情况及实施效果进行了总结分析和公告。

随着重点企业清洁生产审核工作的不断推进，2008—2015 年，我国开展强制性清洁生产审核的企业近 4 万家，清洁生产审核机构 1 013 个，国家级清洁生产审核培训 31 099 人。据不完全统计，通过已开展的强制性清洁生产审核工作，共削减 COD 39.15 万 t，SO_2 110.7 万 t，节水 1 994 亿 t，节电 368.3 亿 kW·h，在污染物削减和节能方面取得了显著的绩效，共取得经济效益 920.9 亿元。

实施清洁生产审核的成效已经证明推行清洁生产对企业来说意味着更低的成本和新的经济增长点，并且促使产排污状况有了很大改善。随着我国清洁生产工作的不断推进，清洁生产审核制度也在进一步完善和加强，且与其他环保管理制度有了一定的衔接，清洁生产审核的力度正在不断被强化。

第2章 味精行业国内外现状与发展趋势

味精是世界销售量最大的一种调味用氨基酸产品，全球总产量约为 330 万 t。味精的生产主要集中在亚洲，消费主要集中在中国、日本、东南亚、非洲等地，最近几年欧洲和南美洲的需求也逐渐增长。随着味精国际市场不断开拓，我国味精产量已位居世界第一位，总产量占到世界总产量的 70%以上。

2.1 国外味精行业发展总体概况

目前全球味精总产量约为 330 万 t/a，总需求量约为 300 万 t，并以年均 2%～3%的速度递增。自 21 世纪以来，味精产业的竞争加剧，许多小企业纷纷退出，使全球味精的生产和进出口更加集中。

味精的生产原料以玉米、大米和糖蜜为主，主要集中在中国、日本和韩国等国家和地区。国际市场主要是在东南亚，部分销往澳洲和欧洲。亚洲味精的生产与销售居世界首位，据统计，亚洲味精产量约占世界味精总产量的 90%，中国、日本、韩国三国为世界最大的味精生产国；美国、欧洲味精产量合计占世界总产量的 5%～6%；其他国家和地区占 4%～5%。国外主要的味精生产企业有日本味之素、韩国希杰和韩国大象公司。

在国际市场上，味精的消费主要集中在日本、东南亚、非洲等地，近年来欧洲和南美洲等地的味精需求量也开始出现增长势头，味精行业的发展平稳向上。日本、韩国、东南亚、欧洲等国家和地区人均味精消费较高，如日本 1999 年人均年消费味精 1 030 g，中国香港为 1 000 g，而我国仅为 500 g。据国外食品专家估计，全球味精年需求量将以 4.1%的速度增长，味精将与水解植物蛋白、酶提取物等一起构成调味品市场的中坚力量，味精在国际上还有较大的市场需求空间。

2.2 国内味精行业发展概况

中国味精生产始于 1923 年，至今已有近 100 年的历史。味精工业获得快速发展是在 20 世纪 80 年代初，发酵法的采用促进了味精工业的技术进步，使味精工业进入了快速发展阶段，成为我国发酵行业中发展速度最快的行业。到 2015 年，我国味精产量为 231 万 t，占全球产量的 70%。随着行业发展和竞争的加剧，近年来国内味精生产企业向规模化、节能型和环保型发展，行业集中度进一步提高。

　　我国作为谷氨酸钠生产大国，过去多以国内销售为主，出口很少，然而近几年随着味精国际市场的不断开拓以及味精安全宣传的力度不断加大，味精在国际市场的需求迫切，2015 年我国味精出口量达到 43 万 t 左右，约占总产量的 18.6%。

2.2.1　味精行业现状

　　味精是我国发酵工业的主要行业之一，近年来，我国味精行业发展迅速，行业规模不断扩大，产量一直保持着增长的态势。我国生产味精的主要原料是玉米和大米，由于以糖蜜为原料生产味精受到各个方面的限制，我国目前没有用糖蜜作为原料生产味精的企业。首先，由于地域性的限制，难以形成以糖蜜为原料的大规模生产；其次，将糖蜜作为原料所产生的废水具有很高的色度、有机质含量较高、黏度较高，难以用常规的生化法解决，同时 COD 及氨氮含量与用玉米等原料生产相比要高出数倍，以目前现有的技术处理难度较高。

2.2.1.1　产地分布情况

　　味精产能的快速扩张加剧了市场竞争，也加快了市场整合，生产迅速向大企业集中。现阶段我国味精工业的集约化程度已经达到很高水平，企业的数量已经从 20 世纪 80 年代的 150 余家减少到如今的不足 40 家。味精的生产可以分为三种类型：①全过程生产，从制糖发酵到精制成味精；②前段生产，仅发酵生产谷氨酸；③后段生产，购买谷氨酸精制成味精。另外，还有购买味精进行包装经销的企业等。其中具有发酵能力的生产企业 20 余家，主要分布在山东、内蒙古、新疆、陕西、河南、宁夏、福建以及东北等地。还有一些企业因受到环保和资源等问题的困扰，因地制宜及时地调整了生产方式，从全过程生产转变为购买谷氨酸进行精制加工生产味精，产业结构进一步调整和优化。这些企业主要分布在江苏、浙江、广西、四川、广东及东北等地。

2.2.1.2　产量情况

　　2015 年我国味精总产量约为 231 万 t。味精生产能力在 10 万 t 以上的企业约有 7 家，产量可占到总产量的 90% 以上，6 家龙头企业情况如表 2.1 所示。

　　随着技术手段的逐渐提高及国家产业政策的调整，我国味精企业生产规模也在不断扩大。2010—2015 年，味精产量年增幅达到 1.38%（表 2.2）。

表 2.1   味精行业龙头企业产能水平（2015 年）

序号	企业名称	产能/万 t
1	阜丰集团	100
2	梅花集团	72
3	宁夏伊品生物科技股份有限公司	25
4	菱花集团有限公司	15
5	三九味精集团	14
6	中粮生化能源龙江有限公司	10

表 2.2   2010—2015 年全国味精产量及增长率

年份	2010	2011	2012	2013	2014	2015
产量/万 t	216	206	240	230	225	230
增长率/%	—	-4.6	16.5	-5	-2.2	2.2

2.2.1.3   进出口情况

据国家海关统计，2015 年我国出口味精 16 万 t、谷氨酸 2 万 t、谷氨酸钠 27 万 t、其他谷氨酸盐 492 t，共计出口谷氨酸类产品 45 万 t，较 2010 年出口量 21.8 万 t 上涨 106.4%，2015 年出口额 5.65 亿美元，较 2010 年出口额 3.1 亿美元上涨 82.3%。2010—2015 年谷氨酸类产品出口量、出口额趋势如图 2.1 所示。

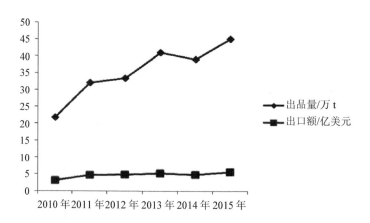

图 2.1   2010—2015 年谷氨酸类产品出口量、出口额趋势

据国家海关统计，2015 年我国进口味精 1 101 t，谷氨酸 3 t、谷氨酸钠 394 t、其他谷氨酸盐 68 t，共计进口谷氨酸类产品 1 567 t，较 2010 年进口量 1 908.8 t 下降 17.9%，2015 年进口额 505.4 万美元，较 2010 年进口额 362.3 万美元上升 39.5%。2010—2015 年谷氨酸类产品进口量、进口额趋势如图 2.2 所示。

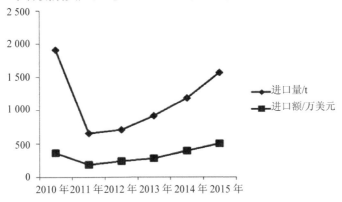

图 2.2　2010—2015 年谷氨酸类产品进口量、进口额趋势

2.2.2　味精行业能耗、水耗、物耗及污染物排放现状

2.2.2.1　资源消耗

近年来，随着味精企业集约化程度、生产技术水平及自动化程度的不断提高，以及生产菌种改造、生产工艺优化等方面的原因，使得味精行业各项生产技术指标都有所提高。2015 年，味精行业的平均产酸率为 15.6%，较 2010 年提高了 18.54%，产酸率较好的企业可达 18%。

2015 年味精行业吨产品平均成品粮耗为 1.97 t/t 产品，较 2010 年下降 14.7%；平均水耗为 46 t/t 产品，较 2010 年降低 45.9%；平均综合能耗为 1.63 t/t 产品，较 2010 年下降 6.8%。

表 2.3　2010—2015 年味精行业消耗指标统计

年份 指标	2010	2011	2012	2013	2014	2015
粮耗（t/t 产品）	2.31	2.25	2.2	2.0	1.98	1.97
水耗（t/t 产品）	85	70	64	60	55	46
能耗（t/t 产品）	1.75	1.7	1.68	1.65	1.64	1.63
平均产酸率/%	13.16	13.45	13.8	14.5	14.9	15.6

2.2.2.2　味精行业产排污现状

（1）产生的主要污染物

① 废水。味精生产企业产生废水可分为两类。一类是谷氨酸提取后的母液，COD 浓度为 3 万～7 万 mg/L，属于高污染源；另一类是在生产过程中产生的其他废水，如淀粉洗水或淘米水、制糖洗水、发酵洗罐水、冲刷地面水、精制洗水等，此类废水属于中、低浓度废水。

②废气。味精行业废气产生主要是高浓度废水喷浆造粒制取有机肥时产生的废气与锅炉供汽时燃烧煤所产生的烟气。制取有机肥产生的废气主要污染物为 VOCs/SVOCs，现阶段味精企业采用静电分离技术，去除废气中的 VOCs/SVOCs，使废气达标排放，减少了对环境的危害。锅炉烟气中主要污染物为 SO_2，现阶段味精企业在锅炉上都采用了烟气脱硫除尘设备，烟气达标排放。

③固体废物。味精生产过程中产生的固体废物较少，主要有炉渣、末端废水处理产生污泥、蛋白渣、菌体蛋白等。炉渣可以作为建材使用；污泥可作为肥料提供给农民；蛋白渣、菌体蛋白经过干燥蛋白含量很高，已经成为饲料行业的抢手货。由此可见，味精废气及固体废物均已得到了较好的治理。

（2）主要污染物产排污现状

随着人们对环境保护认识的不断深入和国家政策对环境保护要求越来越严格，味精行业环保投入不断增加，污染防治新技术也在不断研发与应用，产酸水平不断提高，吨产品污水产生量和排放量相应减少（见图 2.3）。COD 排放量也大幅度降低（见表 2.4）。现阶段味精行业废水产排污状况如表 2.5 所示。

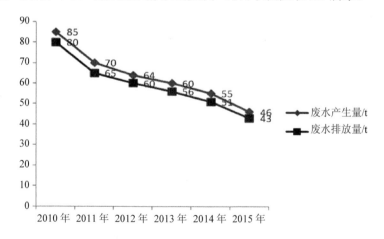

图 2.3　2010—2015 年吨产品味精废水产生量与排放量趋势

表 2.4 2010—2015 年吨产品味精 COD 排放量

年份	2010	2011	2012	2013	2014	2015
吨产品味精 COD 排放量/kg	14	10	9.8	9.5	9.2	6.8

表 2.5 味精行业废水产排污现状

工艺名称	污染物指标	单位	产污	排污
等电离交	工业废水量	t/t 产品	70~95	65~90
	化学需氧量	kg/t 产品	500~700	6~13.5
	氨氮	kg/t 产品	80~95	3~5
连续等电	工业废水量	t/t 产品	35~50	35~49
	化学需氧量	kg/t 产品	400~600	5.3~7.4
	氨氮	kg/t 产品	75~90	1.7~2.5

2.2.3 我国味精行业发展中存在的问题

（1）部分企业技术装备水平较低，需进一步淘汰落后产能

我国部分企业仍存在生产规模较小，技术、装备水平均相对落后，生产过程产污量大，污染物治理效果差，环保与节能减排意识不强，污染物不能稳定达标排放，主要表现在：一是在工程设计未充分考虑节能降耗和污染治理问题，厂房、水、电、汽、热等系统设计不规范，增大了节能减排的难度；二是污染治理设施老化，排水不能做到稳定达标；三是企业基础计量设施和专业人员配备不完善，未实现三级计量，配备的环保人员也缺乏应有的培训和管理能力，导致环保设施运行较差。

（2）技术水平参差不齐，与国际先进水平存在差距

"十一五"期间，味精行业集约化、技术水平及自动化程度不断提高，各项生产工艺参数及消耗指标都得到优化，污染物产生量与排放量也逐年降低。但与国际先进水平相比，我国发酵工业的生产、污水处理及废弃物综合利用技术仍存在一定差距，例如，国内味精行业分离提取工艺还有相当一部分采用离子交换方法，产污强度高，分离程度较低，而国外则采用膜及色谱分离提取工艺，有效成分损失少，能耗较低。目前我国上述技术中的部分核心技术来源于国外，成本相对很高，成为制约推广的主要因素，同时在菌种方面，我国味精菌种产酸率等与国外先进水平也有一定差距。

（3）资源利用深度不够，产品附加值较低

我国味精企业在生产过程中资源综合利用深度不够，产业链较短，产品附加

值较低，与目前一些发达国家99%的原料利用率相比，我国平均水平仅在95%左右，仍存在一定的差距。我国大部分味精生产企业都是以玉米为原料进行发酵生产的，原料中30%的非淀粉副产物目前全部加工成饲料出售，原辅材料深度加工还不够。

（4）高浓度有机废水污染严重是行业共性问题

味精行业高浓度有机废水污染严重，是行业突出的共性问题，其废水COD、SS等浓度较高，pH值低。味精生产过程中吨产品产生的高浓度废水因母液中含有较高的氨氮与硫酸根，影响生化效果。如果母液直接用常规的生物厌氧+生物好氧方法进行处理，很难达到国家排放标准。因此对谷氨酸提取后的母液必须单独处理后，才可以做到按照国家排放标准，保障排放的平稳运行。

（5）宣传力度不足，错误舆论影响行业发展

近年来，随着调味品市场的不断扩大和发展，调味品的种类不断增加。为了抢占市场，增加企业的经济效益，虚假宣传、不实报道等营销手段层出不穷。味精作为老百姓餐桌上的必备调味品也受到了冲击。但对于这种百年调味品，企业在受到不实报道、虚假宣传的冲击下，并没有马上意识到严重性，对于味精安全性、营养性的宣传显得有些迟缓，味精市场受到了越来越严重的冲击。目前，虽然已经开始对味精进行安全性及营养性的宣传，但比起对味精行业造成的影响仍然是杯水车薪。

（6）味精行业研发资金投入不足，研发水平有待提高

在相当长的一段时间里，味精生产企业所用的菌种、生产技术、生产工艺、环保设施等均处于一种低水平的状态。随着国家产业政策的调整及国际竞争力的加剧，我国味精行业才开始意识到自主研发、提高生产工艺水平的重要性。近年来，味精行业从生产所用菌种到环保处理设备均有了一定程度上的提高，但与国外的生产及研发资金投入相比，仍有较大的差距。囿于行业的经济水平及知识产权等一系列问题，整个行业对研发的投入均体现出较弱的状态。目前，我国大型企业的研发资金正逐年提高，已占到总利润的20%。

（7）味精行业生产企业环保工作重末端治理，忽略源头预防

近年来，在国家政策引导下，国内味精各个生产企业先后投资建设治污工程，污染物排放虽能达到排放标准要求，但大部分采用的是末端治理技术，不仅投资大、治理费用高，严重束缚了行业自身的健康发展，而且废水中有用物质得不到回收利用，造成资源的浪费，不符合国家节约资源、大力推进循环经济的要求。所以味精行业仍然面临着节能减排和实施清洁生产的巨大挑战，抓好节能减排与清洁生产工作是推进味精行业在新形势下经济结构调整、转变增长方式的重要手段。

2.2.4　味精行业发展趋势

（1）产业布局将得到进一步优化

我国的味精生产企业中现已涌现出阜丰集团、梅花集团、宁夏伊品生物科技有限公司、河南省莲花味精集团有限公司、菱花集团公司、三九味精集团和山东圣花集团七家规模较大的龙头企业，代表着中国味精行业的主要产能。然而，现有许多味精老厂设备陈旧、管理落后，加之近年来我国浙苏闽粤等沿海地区由于原材料和煤、水、电的价格上调，运费增加，污水处理非常困难，使全国味精产量有很大的滑坡，有些企业转产或停产，有些企业将发酵部分转移至西北、东北和内蒙古等地。

随着国家新政策的贯彻实施，环保治理、节能减排工作的落实，一些规模小，生产工艺落后、竞争力不强的味精企业将被陆续淘汰出局，味精生产企业数量逐步减少，企业向大型化、集约化、规模化发展。预计未来 3~4 年味精生产企业将继续向西北、东北和内蒙古迁移，行业集中度进一步提高。

（2）国内味精市场需求由城市向农村转移

随着我国人民生活水平的提高和膳食结构的改变，味精的需求量不断增大，人均消费水平逐年提高，华东、中南、东南、西南、华南地区人均年消费量已上升为 800 g 左右。就目前国内市场来讲，味精的主要消费群体在城市，城市居民年消费量占到总产量的 70%以上。农村市场的发展潜力巨大，随着农村人口收入的增加，农民生活水平逐步提高，膳食结构进一步改善，农村市场对味精的需求量会逐步增加。过去由于西北地区人们的饮食习惯，人均年消费水平不足 100 g，随着西部经济的不断发展，东西部经济、文化的交流，饮食结构日趋多样化，人均年消费也已增长到现在的人均 300 g 左右。近年来，味精消费正由城市主导消费向农村转移，市场逐步扩大。

随着人们生活水平的不断提高和健康饮食习惯的形成，"绿色、环保、健康、安全"已成为消费时尚。在国家宏观政策的刺激下，内需增加迅速，食品行业、国内餐饮业等行业增长强劲，使得味精的需求量进一步有所增加。根据日本、韩国等邻近发达国家味精的生产和消费发展历史来看，未来我国味精的年消费市场将会以 3%~5%的速度增长。

（3）味精行业污染防治由末端治理向全过程控制发展

味精行业污染排放标准越来越严格，仅仅以末端排放达标治理污染的方式已不再适应当前形势，也不能从根本上解决污染问题。提高味精生产技术水平，改善管理，从源头减少污染，由末端治理走向全过程减排是污染防治的必然趋势。

近年来，随着国家产业政策的引导，味精生产企业不断加大对清洁生产与污染物防治的投资，清洁生产技术与污染物治理技术得到较快发展，味精能耗、水耗大幅度降低，污染物产生与排放也大幅度减少。

（4）产业结构将得到进一步优化

我国味精行业发展体系与国外相比仍存在着较大的差距，在未来的一段时期，国家将更进一步约束资源消耗较高、环境污染较重的行业的发展进程，淘汰一批生产工艺落后、生产规模较小的生产企业。因此，味精生产企业将会逐渐改变观念，适应当今的发展形势，着眼于长远利益，加大技术及资金的投入，从生产源头开始进行绿色生产，提高资源的综合利用率，降低成本，提高效益。

（5）技术创新不断进步

随着我国味精工业的发展，对落后的味精提取工艺进行改进，以高效、节能、无污染、低料耗和便于自动化管理的新工艺取而代之已成为当务之急。目前，国内外有许多科研工作者都致力于味精提取工艺的研究，试图用其他方法如等电浓缩法（即双结晶法）、色谱分离法、膜分离技术等替代传统的等电离交法，解决味精污染问题，降低生产成本。虽上述提及的提取方式中还存在不足之处，但有些分离技术已显现出巨大的优越性和应用前景，现正进行深入研究，未来几年将实现关键技术产业化。

（6）开展节能减排以提高资源利用率

随着国家产业政策的调整与市场因素的不断影响，味精行业只有不断开展节能减排，发展发展循环经济，才能保持行业的健康稳定发展，味精行业在发展循环经济中将重点做到以下几点：①进一步提高原料利用率，力争粮食原料的全部组分得以充分回收利用，化害为利，减轻和消除污染；②采用高新技术，提高产品收率以及过程衍生物的分离利用；③大力推进水源、能源的节约和循环利用。

第3章　味精行业发展环境政策分析

3.1　味精行业产业政策

3.1.1　遏制玉米深加工业盲目过快地发展

国家发改委针对味精行业快速发展中重复建设、新建企业技术装备水平落后等问题发布了《关于加强玉米加工项目建设管理的紧急通知》（发改工业[2006]2781 号）、《国家发展改革委关于清理玉米深加工在建、拟建项目的通知》（发改工业[2007]1298 号）和《国家发展改革委关于印发关于促进玉米深加工业健康发展的指导意见的通知》（发改工业[2007]2245 号），对玉米加工项目加以限制，特别是对新改建项目严格控制，避免产生与饲料行业争粮的现象，平抑目前部分产品价格因玉米价格上涨而上涨的局面。

《国家发展改革委关于印发关于促进玉米深加工业健康发展的指导意见的通知》（发改工业[2007]2245 号）中指出要加强科技研发，增加自主创新能力，不断提高产业的整体技术水平，实现产业升级。同时氨基酸行业要淘汰传统工艺和产酸低的微生物，确保菌种发酵的综合技术水平达到国际先进水平；废物全部利用生产蛋白饲料或生物发酵肥，减少外排废水中的 COD 值，全部达标排放。同时，国家发改委也明确提出"十一五"时期玉米深加工用量规模不得超过玉米消费总量的 26%（按 2008/2009 年消费折合为 4 100 万 t），并控制发展味精等国内供需基本平衡和供大于求的产品。

3.1.2　调整产业结构，淘汰落后产能

近年来，味精行业通过政策引导与市场竞争相结合，加快了产业结构、产品结构和企业布局的调整，淘汰了一批落后生产力，提高了自主创新能力，提升了行业的技术和设备水平，基本形成结构优化、布局合理、资源节约、环境友好、技术进步和可持续发展的工业体系。国家出台的产业结构调整及淘汰落后产能相关政策如表 3.1 所示。

表 3.1　味精行业调整产业结构、淘汰落后产能相关政策

序号	政策	要求
1	《产业结构调整指导目录（2005 年本）》	限制使用传统工艺、技术的味精生产线
2	《产业结构调整目录（2011 年本）》	味精行业限制 5 万 t/a 及以下且采用等电离交工艺的味精生产线、淘汰 3 万 t/a 及以下味精生产装置
3	《节能减排综合性工作方案》与《关于做好淘汰落后造纸、酒精、味精、味精生产能力的通知》	"十一五"期间淘汰落后味精产能 20 万 t
4	《轻工业调整和振兴规划》	食品行业重点淘汰年产 3 万 t 以下酒精、味精生产工艺及装置，在 2009—2012 年将继续淘汰味精落后生产能力 12 万 t
5	《分解落实 2009 年淘汰落后产能任务》	味精行业全国淘汰落后味精 3.5 万 t，主要淘汰年产 3 万 t 以下生产企业
6	2010—2013 年《工业行业淘汰落后产能企业名单公告》	全国共淘汰落后味精产能 68.27 万 t
7	2013 年工信部下达 19 个工业行业淘汰落后产能目标	味精行业的目标任务同比增幅最大高达 99.3%。较 2012 年淘汰落后产能目标增加了 14.2 万 t

3.2　环保政策

3.2.1　开展味精企业环保核查

为贯彻落实《国家发展改革委　环境保护部关于 2010 年玉米深加工在建项目清理情况的通报和开展玉米深加工调整整顿专项行动的通知》（发改产业[2011]1129 号），环境保护部决定开展味精、味精生产企业环保核查工作，出台了《关于开展柠檬酸、味精生产企业环保核查工作的通知》（环办函[2011]1272 号）和《柠檬酸、味精生产企业环保核查办法》，并依据核查结果发布符合环保规定的企业名单。中国生物发酵工业协会受环境保护部委托，自 2010 年至今共组织了 2 次味精行业环保核查，规范了企业的环境行为，味精生产企业不但环保意识有明显提高，而且加大了环保投资力度，推动味精行业节能降耗进程，提升了行业环保水平。

3.2.2　编制出台味精行业污染治理政策、标准

（1）味精工业污染物排放相关标准
目前味精行业执行的相关标准如下：

GB/T 32165	节水型企业　味精行业
GB/T 18916.9	取水定额　第 9 部分：味精制造
GB 19431	味精工业污染物排放标准
QB/T 4616	味精单位产品能源消耗限额
HJ 444	清洁生产标准　味精工业
HJ 2030	味精工业废水治理技术规范
CCAA 0011	食品安全管理体系　味精生产企业要求

（2）《味精工业废水治理工程技术规范》

味精工业是我国发酵工业中最大的污染源行业，其高浓度有机废水污染严重，虽然目前国内所有味精企业均建成了废水处理设施，但由于缺失废水治理工程相关标准和技术规范，废水治理工程的设计、建设和运行等没有统一的质量控制准则，许多废水治理工程的处理效果不理想，而废水治理工艺运行效果好的工程投资大、运行费用高，一定程度上限制了处理技术的推广和运用。

2009 年，环境保护部发布《关于开展 2009 年度国家环境保护标准制修订项目工作的通知》（环办函[2009]221 号），提出了制定《味精工业废水治理工程技术规范》（项目编号 1453.15）行业标准的任务，规范行业水污染防治工作，有效控制味精工业水污染物排放，标准自 2013 年 7 月 1 日起实施。

（3）《味精工业清洁生产评价指标体系》

为贯彻落实《中华人民共和国清洁生产促进法》等国家有关文件的精神，推动清洁生产工作，指导行业清洁生产评价指标体系的编制，在目前的《发酵工业清洁生产评价指标体系（试行）》的基础上，结合行业目前清洁生产的实际情况，提出制定《味精工业清洁生产评价指标体系》。对味精工业清洁生产评价指标体系的术语和定义、编制原则、指标体系结构和考核评分计算方法等方面规定，规范行业清洁生产评价指标体系的建立。

目前，《味精工业清洁生产评价指标体系》正在制定过程中。

3.3　味精行业清洁生产指导性技术文件

3.3.1　《发酵行业清洁生产评价指标体系》

为指导和推动发酵企业依法实施清洁生产，提高资源利用率，减少和避免污染物的产生，保护和改善环境，指导和推动发酵企业依法实施清洁生产，2007 年国家发改委组织制定了《发酵行业清洁生产评价指标体系》。该指标体系依据综合评价所得分值将企业清洁生产等级划分为两级，即代表国内先进水平的"清洁生产先进企业"和代表国内一般水平的"清洁生产企业",其中味精行业评价指标如表 3.2 和表 3.3 所示。

表 3.2　以玉米为原料味精企业定量评价指标项目、权重及基准值

一级指标	权重值	二级指标	单位	权重值	评价基准值
（1）资源和能源消耗指标	30	原料消耗量	t/t 产品	6	2.4
		取水量	m³/t 产品	8	100
		电耗	kW·h/t 产品	3	1 300
		汽耗	t/t 产品	3	10
		综合能耗	t 标煤/t 产品	10	1.8
（2）生产技术特征指标	30	淀粉糖化收率	%	4	99
		发酵糖酸转化率	%	4	58.0
		发酵产酸率	%	4	11.0
		味精提取收率	%	4	96.0
		精制收率	%	4	96.0
		纯淀粉出 100%味精收率	%	10	74.7
（3）资源综合利用指标	28	淀粉渣（玉米渣）生产饲料	%	5	100
		菌体蛋白生产饲料	%	5	100
		冷却水重复利用率	%	5	80
		发酵废母液综合利用率	%	5	100
		锅炉灰渣综合利用率	%	5	100
（4）污染物产生指标[①]	12	发酵废母液（离交尾液）产生量	m³/t 产品	4	10
		综合废水产生量	m³/t 产品	5	95
		COD 产生量	kg/t 产品	2	600
		BOD 产生量	kg/t 产品	2	390
		SS 产生量	kg/t 产品	2	350

① 污染物产生指标是指生产吨产品所产生的未经污染治理设施处理的污染物量。

表 3.3　味精企业清洁生产定性评价指标项目及指标分值

一级指标	指标分值	二级指标		指标分值
（1）原辅材料	15	玉米		15
（2）生产工艺及设备要求	20	调粉浆	淀粉乳＞18°Be　大米浆＞15°Be	5
		液化	喷射液化、中温	5
		糖化	双酶法	3
		发酵	综合营养法　CIP 清洗	3
		提取	等电离交+去菌体浓缩	2
		浓缩结晶	多效浓缩结晶	2

一级指标	指标分值	二级指标	指标分值
（3）符合国家政策的生产规模	10	味精年产量 3 万 t 以上	10
（4）环境管理体系建设及清洁生产审核	25	通过 ISO 9000 质量管理体系认证	3
		通过 HACCP 食品安全卫生管理体系认证	4
		通过 ISO 14000 环境管理体系认证	5
		进行清洁生产审核	5
		开展环境标志认证	2
		所有岗位进行严格培训	3
		有完善的事故、非正常生产状况应急措施	3
（5）贯彻执行环境保护法规的符合性	25	有环保规章、管理机构和有效的环境检测手段	6
		对污染物排放实行定期监测和污水排放口规范管理	6
		对各生产单位的环保状况实行月份、年度考核	6
		对污染物排放实行总量限制控制和年度考核	7

2016 年 4 月，国家发展改革委、环境保护部、工业和信息化部联合发布了《清洁生产评价指标体系制（修）订计划（第二批）》，委托中国生物发酵产业协会负责编制《发酵行业（味精）清洁生产评价指标体系》。

3.3.2　《发酵行业清洁生产技术推行方案》

为加快重点行业清洁生产技术的推行，指导企业采用先进技术、工艺和设备实施清洁生产技术改造，按照"示范一批，推广一批"的原则，2010 年工信部组织编制了发酵、啤酒、酒精、钢铁、电解锰等 17 个重点行业清洁生产技术推行方案。

《发酵行业清洁生产技术推行方案》（以下简称《方案》）中明确了味精行业主要目标：截至 2012 年，味精吨产品能耗平均约 1.7 t 标煤，较 2009 年下降 10.5%，全行业降低消耗 40 万 t 标煤/a；新鲜水消耗由 1.8 亿 t/a 降至 1.25 亿 t/a，下降 30.6%；年耗玉米由 470 万 t/a 降至 425 万 t/a，下降 9.6%；废水排放量由 1.75 亿 t/a 降至 1.2 亿 t/a，下降 31.4%，减排 5 500 万 t/a；减少 COD 产生 138 万 t/a；减少氨氮产生 2.8 万 t/a；减少硫酸消耗 51 万 t/a；减少液氨消耗 10 万 t/a。《方案》涉及到味精行业的技术有：①新型浓缩连续等电提取工艺，②发酵母液综合利用新工艺，③阶梯式水循环利用技术。

3.3.3　《轻工业技术进步与技术改造投资方向（2009—2011 年）》

2009 年 5 月，国家发展改革委发布了《轻工业技术进步与技术改造投资方向（2009—2011 年）》，其中味精行业相关的技术进步与技术改造投资方向如表

3.4 所示。

表 3.4　味精行业相关的技术进步与技术改造投资方向（2009—2011 年）

一、重点装备自主化实施内容	
食品粮油加工装备	新型膜分离设备、连续模拟移动床设备、节能高效蒸发浓缩设备、高效结晶设备、高速和无菌罐装设备、膜式错流过滤机、高速吹瓶设备、新型高速贴标机等关键共性设备
二、重点行业技术创新与产业化实施内容	
新型微生物多效复合材料及关键技术产业化	多菌群有机结合成型材料。多种目标污染物高效单性菌株的定向改造、多效菌群共效复合作用优化污染物处理等关键技术
发酵行业污染物减排与废弃物资源化利用技术产业化	污染物减排集成技术、过程节水与废水回用技术。废弃物资源化和高值化利用技术
三、推进行业节能减排实施内容	
食品	新型清洁生产技术替代。副产物和废弃物高值综合利用。废水处理回收再利用
发酵	管束干燥机废汽回收综合利用、锅炉烟道气饱充等节能技术推广
四、食品加工安全能力建设实施内容	
食品添加剂	食品原料中农药残留检验、生产过程在线检测和产成品检验设备配置。产品质量快速检测实验室仪器设备配置
发酵	企业内部质量控制、监测网络和产品质量可追溯体系建设。生产过程在线检测和产成品检验设备配置。柠檬酸、淀粉糖（醇）、味精和酶制剂等大宗产品安全检测中心检测设备配置
五、增加国内有效供给实施内容	
农副产品深加工	粮食、畜禽、糖料、果蔬及水产品和特色农产品等深加工及综合利用

3.3.4　《清洁生产标准　味精工业》（HJ 444—2008）

　　企业推行清洁生产是我国工业实现可持续发展的重要保证，为明确实现清洁生产的努力目标和判断标准，为了给企业提供开展清洁生产的技术指导，为企业清洁生产绩效公告提供依据，2008 年 11 月 1 日，环境保护部发布了《清洁生产标准　味精工业》（HJ 444—2008），该标准划分了味精工业清洁生产水平等级及其具体的清洁生产指标要求，如表 3.5 所示。

表 3.5　味精工业清洁生产标准指标要求

项目		一级	二级	三级
一、生产技术特征指标				
1. 淀粉糖化收率/%		≥99.5	≥99.0	≥98.0
2. 发酵糖酸转化率/%		≥63.0	≥60.0	≥57.0
3. 发酵产酸率/%		≥13.5	≥12.0	≥10.0
4. 谷氨酸提取收率/%	等电离交	≥98.0	≥96.5	≥95.0
	浓缩等电	≥90.0	≥88.0	≥84.0
5. 精制收率/%		≥98.5	≥96.5	≥95.0
6. 纯淀粉出 100% 味精收率/%	等电离交	≥85.4	≥78.1	≥71.2
	浓缩等电	≥78.4	≥71.2	≥62.9
二、资源能源利用指标				
1. 取水量/（m^3/t）		≤55	≤60	≤65
2. 原料消耗量[①]/（t/t）	等电离交	≤1.7	≤1.9	≤2.2
	浓缩等电	≤1.9	≤2.1	≤2.3
3. 综合能耗（外购能源）/（t 标煤/t）		≤1.5	≤1.7	≤1.9
三、污染物产生指标				
1. 发酵废母液（离交尾液）产生量/（m^3/t）		≤8	≤9	≤10
2. 废水产生量/（m^3/t）		≤50	≤55	≤60
3. 化学需氧量（COD$_{Cr}$）产生量/（kg/t）		≤100	≤110	≤120
4. 氨氮（NH$_3$-N）产生量/（kg/t）		≤15	≤16.5	≤18
四、废物回收利用指标				
1. 玉米渣和淀粉渣生产饲料/%		100	100	100
2. 菌体蛋白生产饲料/%		100	100	100
3. 冷却水重复利用率/%		≥85	≥80	≥75
4. 发酵废母液综合利用率/%		100	100	100
5. 锅炉灰渣综合利用率/%		100	100	100
6. 蒸汽冷凝水利用率/%		≥70	≥60	≥50
五、环境管理要求				
1. 环境法律法规标准		符合国家和地方有关环境法律、法规，污染物排放达到国家排放标准、总量控制和排污许可证管理要求		
2. 组织机构		设专门环境管理机构和专职管理人员		
		环境管理制度健全、完善并纳入日常管理	建立了较完善的环境管理制度	

项目		一级	二级	三级
3. 环境审核		按照环境保护部《清洁生产审核暂行办法》的要求进行了清洁生产审核，并全部实施了无、低费方案		
4. 生产过程环境管理	原料用量及质量	规定严格的检验、计量控制措施		
	生产设备的使用、维护、检修管理制度	有完善的管理制度，并严格执行		对主要设备有具体的管理制度，并严格执行
	生产工艺用水、电、气管理	所有环节安装计量仪表进行计量，并制定严格定量考核制度		对主要环节安装计量仪表进行计量，并制定定量考核制度
	环保设施管理	记录运行数据并建立环保档案		
	污染源监测系统	按照《污染源自动监控管理办法》的规定，安装污染物排放自动监控设备，并保证设备正常运行，自动监测数据应与地方环保局或环保部监测数据网络连接，实时上报		
5. 固体废物处理处置		对一般固体废物分类进行资源化处理，对危险废物按照国家要求全部进行安全处置		
6. 相关方环境管理		对原材料供应方、生产协作方、相关服务方提出环境管理要求		

注：① 原料是指含水率为 14% 的商品玉米。

3.3.5 《味精工业污染防治可行技术指南》（征求意见稿）

为防治味精行业环境污染，完善环保技术工作体系，2014 年，环境保护部组织北京工商大学、中国环境科学研究院、中国轻工业清洁生产中心制定了《味精工业污染防治可行技术指南》（征求意见稿）。指南明确了味精生产工艺的产排污环节及污染物排放情况，介绍了味精工业工艺过程、大气污染、水污染、固体废物处理处置的污染防治技术和污染防治可行技术，为味精工业污染防治工作提供了技术参考资料。

第4章 味精主要生产工艺及产排污分析

4.1 味精行业主要生产过程

味精，化学名称：L-谷氨酸单钠—水化物，目前世界生产味精的厂商都采用发酵法生产味精，即以玉米、大米、小麦、淀粉等为主要原料，经液化、糖化、发酵、提取、精制而成，其生产过程大致分淀粉水解糖的制取、谷氨酸发酵、谷氨酸的提取与分离和谷氨酸精制味精四个步骤。

4.1.1 淀粉水解糖的制取

用发酵法生产谷氨酸，其主要原料是葡萄糖，大部分企业用的是玉米淀粉糖液。将淀粉质原料（如玉米、大米、小麦等淀粉）转化为葡萄糖的过程称为糖化工艺，其糖化液称为淀粉糖或淀粉水解糖。淀粉水解糖的制备方法有四种：酸解法、酸酶法、酶酸法和双酶法。双酶法生产的糖液产品质量高，杂质含量低而具有较大的优势，在味精行业已广泛应用，酸法和酶酸法已被企业淘汰，详见图4.1。

由制糖工艺流程可知，制糖生产过程中没有废气污染物排放，主要污染物是制糖清洗废水，另外还有少量的糖渣排放，该类废渣可以作为饲料或饲料原料出售而综合利用。

4.1.2 谷氨酸发酵

谷氨酸发酵是指谷氨酸生产菌以葡萄糖为碳源，经糖酵解和三羧酸循环生成并在体内大量积累谷氨酸的过程。目前，国内各味精厂所使用的谷氨酸生产菌主要有：天津短杆菌（T613）及其突变株 TG-961、FM-415、FM-415、CMTC6282、S9114 等。

谷氨酸发酵过程中无废渣产生，废气主要来自发酵生产过程中使用氨水产生的无组织排放，废水主要来自于取样废水和连消灭菌洗罐废水。

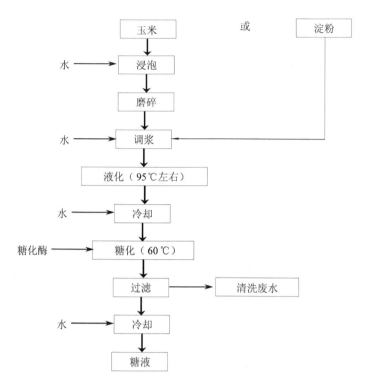

图 4.1 淀粉水解糖工艺流程

4.1.3 谷氨酸的提取与分离

发酵法生产谷氨酸是微生物代谢较复杂的生化反应过程，发酵液中除含谷氨酸外，尚有代谢副产物、培养基配制成分的残留物质、有机色素、菌体、蛋白质和胶体物质等。其含量随发酵菌种、工程装备、工艺控制及操作不同而异。从发酵液中分离谷氨酸的方法较多，目前国内味精生产厂家采用的提取工艺主要是：等电离交法（见图 4.2）、浓缩等电法（见图 4.3）、等电浓缩法（即双结晶法，见图 4.4）三种工艺。

（1）等电离交工艺

等电离交工艺是指味精发酵液低温加酸等电分离后，再经过离子交换二次分离谷氨酸的生产工艺。该生产过程中主要污染源为谷氨酸提取的离交尾液及树脂洗涤水，该部分废水排放量大，污染物浓度高、难处理，该过程中还将排出洗罐水。其中，离交废水属于高浓度废水，树脂洗涤水属于低浓度废水。

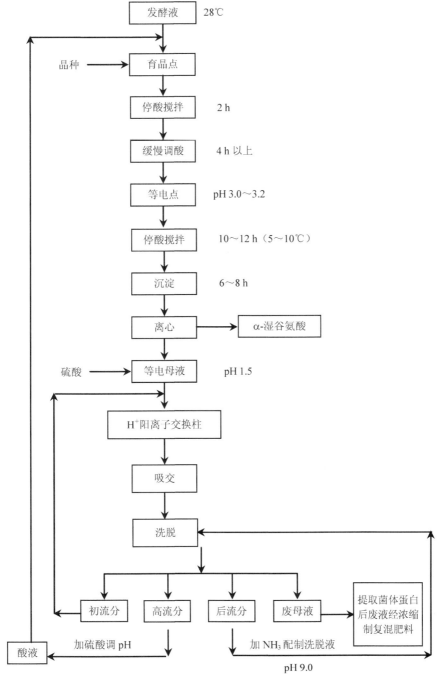

图 4.2 等电离交法提取谷氨酸工艺流程图

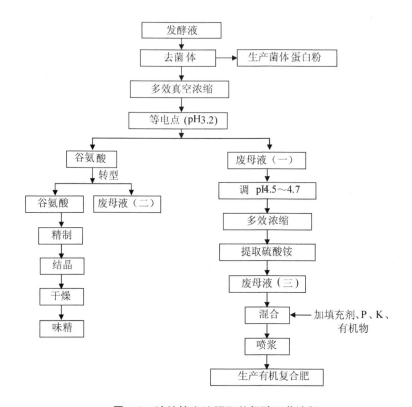

图 4.3　浓缩等电法提取谷氨酸工艺流程

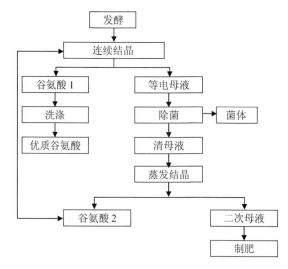

图 4.4　等电浓缩法（双结晶法）提取谷氨酸工艺流程

该工艺优点是提取收率高，为 95% 左右，缺点是原辅材料消耗高。因采用离子交换技术，每吨谷氨酸会额外多消耗液氨和硫酸，在经济成本上已无优势，还增加了环境压力。

（2）浓缩等电工艺

浓缩等电工艺是将发酵液经过多效蒸发浓缩，谷氨酸浓度达到一定程度后在连续等电结晶、冷却、育晶、分离获得谷氨酸的工艺。这种工艺获得的谷氨酸晶体颜色较深，杂质较多，无法直接精制生产味精，因此需要转变晶型，在转变的过程中释放杂质，提高谷氨酸的质量。同时，可以降低味精精制过程中活性炭、蒸汽消耗。

该工艺革除了"离子交换"技术，因而物耗、吨谷氨酸消耗硫酸、高浓度废水排放量都有所降低。但缺点是增加的转晶工序不仅增加了设备投资、动力消耗，还不可避免地使谷氨酸的收率降低，为 90% 左右。其次，发酵液浓缩过程中排放大量难以治理的高氨氮蒸发冷凝水。虽然浓缩等电工艺的提取收率比等电离交工艺低，但由于生产辅料（硫酸、液氨等）消耗低，同时改善了谷氨酸的质量，精致生产味精的收率可提高约 2 个百分点，因此，从经济角度讲两者相差不大，但从环保角度来看是较好的工艺。

该生产过程中主要污染源为谷氨酸提取的分离尾液（高浓度废水），无树脂洗涤水，同时排出洗罐废水、冷凝水等（低浓度废水）。

（3）等电浓缩工艺（双结晶工艺）

该工艺首先在结晶过程中有选择性地消除部分细晶，从而降低母液中残留谷氨酸的浓度；再利用蛋白质热变性高效絮凝除菌技术，去除母液中的菌体蛋白后，使得母液变得更加澄清；在利用谷氨酸蒸发结晶来获取谷氨酸的过程。

"双结晶"工艺的提取收率介于"等电离交"和"浓缩等电"工艺之间，但硫酸、液氨等原辅材料消耗最低，同时，没有"离子交换"和"转晶"工序，蒸汽消耗量也低。该工艺二次蒸发结晶后的二次母液的体积只有发酵液体积的 16% 左右，即使生产复合肥，废弃量也大大减少，而且没有发酵液浓缩时产生的高氨氮废水。

4.1.4　由谷氨酸精制味精

从谷氨酸发酵液中提取的谷氨酸，加水溶解，用碳酸钠或氢氧化钠中和，经脱色、除铁、钙、镁等离子，再经蒸发、结晶、分离、干燥、筛选等单元操作，得到高纯度的晶体或粉体味精，该生产过程统称为精制。精制得到的味精称"散味精"或"原粉"，经过包装则成为商品味精。谷氨酸制造味精的生产工艺流程如图 4.5 所示。

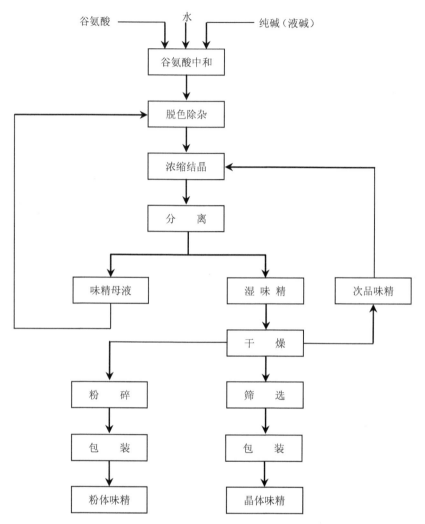

图 4.5 谷氨酸制造味精工艺流程

精制味精过程中主要污染源为废水，其废水排放为脱色时粒状炭柱冲洗废水，而脱色压滤洗滤布水经沉淀后全部返回中和工序，作为谷氨酸溶解水使用而不外排。固体废物主要为过滤产生的废活性炭滤饼。

4.2 味精生产工艺污染物产生与处理情况

味精是以粮食为原料经糖化、发酵、谷氨酸提取、精制等工序制得，在谷氨酸发酵制取过程中约有 3/5 的原料转化为味精及副产品，2/5 的原料进入废液中，造成资源的严重浪费，原料利用率较低。味精工业产生的主要污染物有原料处理后剩下的废渣（米渣）；发酵液经提取谷氨酸（夫酸）后产生的废母液或离交尾液；生产过程中各种设备（调浆罐、液化罐、糖化罐、发酵罐、提取罐、中和脱色罐等）洗涤水；离子交换树脂洗涤与再生水；各种冷却水及冷凝水（液化、糖化、浓缩等工艺)等。味精生产过程中所产生的高浓度废水中 COD 高达 30 000～70 000 mg/L，NH_3-N 浓度达 7 000～20 000 mg/L。此外，味精生产过程中淀粉水、洗涤水等中浓度废水的 COD 达 5 000～15 000 mg/L，NH_3-N 浓度达 300～1 000 mg/L，从而造成高浓度有机废水污染严重、治理难度较大等行业突出问题。味精主要产污节点如图 4.6 所示。

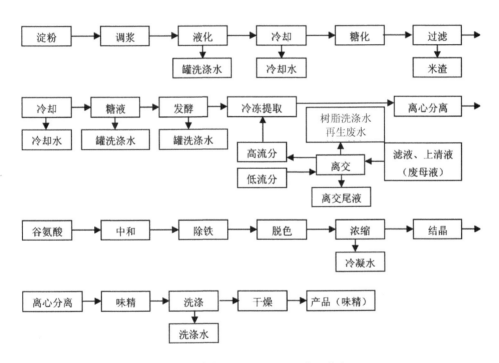

图 4.6　味精生产工艺及主要产污节点

4.2.1　废水产生及治理情况

4.2.1.1　味精企业废水产生情况

根据味精生产废水水质特点，可将其分为高浓度废水（废母液）、中浓度废水、低浓度废水三种：

（1）高浓度废水

高浓度废水是指等电上清液经离交吸附后产生的尾液。该浓度废水 pH 1.7～3.5，COD 浓度 40 000 mg/L 左右，BOD_5 浓度 25 000～30 000 mg/L，全氮含量为 20 000 mg/L 左右，NH_3-N 浓度 15 000 mg/L 左右，硫酸根含量约为 50 000 mg/L。目前，对高浓度废水的处理主要采用物化方法处理，提取菌体蛋白，喷浆造粒制备有机无机复混肥。

（2）中浓度废水

中浓度废水是生产玉米淀粉的废水，COD 为 13 000 mg/L 左右，NH_3-N 为 500 mg/mL 左右。这部分废水采用厌氧的生化方法处理，在中浓度废水的处理过程中，产生了大量的甲烷气体，使出水的 COD 下降到 1 000 mg/L 左右，NH_3-N 因脱氨基作用略有上升，随后进入低浓度废水好氧处理系统。

（3）低浓度废水

低浓度废水是指生产过程中的糖化废水、冲柱（离交柱、碳柱）废水、冷却水及冲刷地面的废水。一般 COD 为 500～1 500 mg/L，NH_3-N 为 50～200 mg/L，COD、NH_3-N 值较低，可直接进入好氧处理。

表4.1　味精企业产生废水特点及污染负荷

废水类型	产生量/t	pH 值	COD/(mg/L)	BOD_5/(mg/L)	NH_3-N/(mg/L)
高浓度（离交尾液、废母液）	8～15	1.7～3.5	30 000～70 000	20 000～42 000	7 000～20 000
中浓度（淀粉水、洗涤水）	5～15	3.5～4.5	5 000～15 000	3 000～4 000	300～1 000
低浓度（冷却水、冷凝水）	30～60	6.5～7.0	500～1 500	200～300	50～200
综合废水	50～90	3～4.5	5 000～6 000	2 500～3 000	100～1 500

4.2.1.2　味精企业废水处理技术

（1）高浓度废水（提取谷氨酸后的母液）适用的处理技术

谷氨酸提取后的母液占味精生产过程产生 COD 与氨氮比例 80%以上，同时母液中含有较高的硫酸根，影响生化效果。如果母液直接用"常规的生物厌氧+生物好氧"的方法进行处理，很难达到国家排放标准。

目前谷氨酸提取后的母液的处理方法主要采用物化方法。首先对其进行菌体蛋白的提取，提取的菌体蛋白是一种优质蛋白质，营养丰富，蛋白含量超过 55%，是一种优质的饲料原料，可广泛地应用到饲料养殖行业。之后，将除菌体后的废水真空蒸发浓缩，浓缩液造粒生产复合肥。至此高浓度废水经处理全部变成经济价值较高的产品。蒸发浓缩后产生的冷凝水与味精生产过程产生的其他废水混合进入污水处理设施处理。

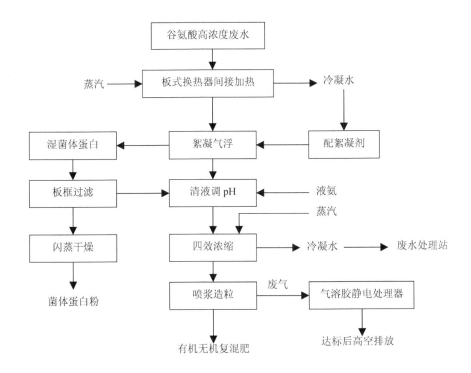

图 4.7　高浓度有机废水处理工艺流程

（2）中、低浓度废水适用的处理技术

经过多年的生产实践证明，对于第二类中低浓度废水的处理适合采用厌氧+好氧生物处理相结合的工艺。此组合工艺也是应用较多、相对比较成熟、运行较稳定的工艺，其处理成本受各企业技术水平、执行污水排放标准、当地电价及物价等影响而有较大区别，处理每吨废水成本在 4～10 元。

目前在味精行业应用的厌氧生物处理技术有：上流式厌氧污泥床反应器（UASB）、内循环厌氧处理技术（IC）；应用较多的好氧生物处理技术有：推流式活性污泥法、序列间歇式活性污泥法（SBR）、氧化沟工艺、A/O 工艺（A²/O）、曝气生物滤池技术。

近年来，随着企业节能减排意识的加强，部分大型企业在厌氧+好氧生物处理后增加了深度处理工艺对废水进行了深度处理，如 Anammox 废水处理技术与生物降解、双膜法废水再生工艺。处理后的废水可达到中水回用的指标，降低了新鲜水的消耗。

有些中小型味精生产企业因产量较小，废水产生与排放较少，废水只采用好氧生物处理，此时废水若要长期稳定达标，有以下两种方法：一是采用的好氧生物处理方法为曝气生物滤池或 A/O 工艺（A²/O）等脱氮效果较好的污水处理方法，且好氧系统运行稳定，单位容积负荷低；二是废水进入好氧处理前，要先进行脱氮处理：如汽提法或吹脱法除氮技术，然后再进入好氧系统处理，且好氧系统运行稳定，单位容积负荷低。

4.2.2 废气产生及治理情况

废气主要分为以下三种类型，其主要来源和治理措施如下：

（1）烟气

烟气有两种，第一种是锅炉排放的烟气（自备锅炉的厂家有此类污染物），烟气中主要有烟尘、SO_2、NO_x 等污染物，目前味精生产厂家均有除尘设施、尾气脱硫设施等对烟气进行处理，实现达标排放；第二种为高浓度废水喷浆造粒制取有机肥时产生的废气，制取有机肥产生的废气主要污染物为 VOCs/SVOCs，现阶段味精企业采用静电分离技术，去除废气中 VOCs/SVOCs，使废气达标排放。

（2）粉尘

主要是玉米粉碎工序产生的粉尘。可采用旋流分离器+15 m 排气筒的方式进行净化排放。

（3）恶臭气体

集水井、调节池、循环池、IC 反应器都产生异味气体，主要污染物为 H_2S。废水处理站发出的臭味，在预处理设施、循环罐、IC 反应器、污泥池、厌氧污泥池的顶部及脱水机房连续抽取废气，经废气风机送至涤气塔以脱除异味。废气风机连续运转送至涤气塔顶部用碱液连续喷淋，将喷淋液排放至曝气池再处理。

4.2.3 固体废物产生及治理情况

固体废物主要来源于淀粉车间的尘土、石子、碎玉米渣、淀粉沉渣、胚芽渣和粉尘，污水处理厂产生的污泥，热风炉尘泥，味精车间的废活性炭以及生活垃圾等。

淀粉车间的碎玉米可用于生产饲料外售；胚芽、纤维渣、麸质、细渣回收可制成玉米油、纤维饲料、蛋白粉等淀粉副产品外售；尘土、石子用于建筑材料或筑路材料；废活性炭可活化再生；污水处理厂产生的污泥、热风炉产生的尘泥等可制作复合肥。

第5章　味精行业清洁生产进展及潜力分析

5.1　味精行业清洁生产进展

近年来，我国味精行业清洁生产技术发展的目标是通过清洁生产及资源化技术，回收利用发酵高浓度有机酸性废液中的各种营养物质，联产菌体蛋白、硫酸铵、复混肥等有用物质，实现"资源—产品—再生资源—再生产品"的经济增长方式，达到经济、社会、环境协调发展的要求，实现废弃物的高值化，增加工业产值。

5.1.1　味精行业企业清洁生产审核及评估、验收开展情况

在清洁生产审核实施初期，味精行业的少数生产企业按照政府部门强制性审核的要求开展清洁生产审核。随着企业清洁生产意识的不断提高，一些企业由原来的被动审核转变到主动自愿地参加清洁生产审核。到目前为止，味精行业生产企业基本均按要求定期开展了清洁生产审核，并通过了清洁生产审核评估、验收，其中有 26 家在国家清洁生产公告的企业名单当中（附录 2）。

5.1.2　味精行业清洁生产水平

近年来，在国家相关政策的指导下，味精行业内大部分生产企业已认识到节能减排与清洁生产的重要性和必要性，在清洁生产方面做了大量工作，加大资金投入力度，不断采用清洁生产技术与工艺，不断优化生产工艺、更新生产设备等，使得废弃物的产生与排放量大幅度降低，各项生产技术指标得以优化，生产技术水平与污染防治水平得到提升。

发酵产酸率、吨产品综合能耗、吨产品平均水耗、吨产品粮耗几项清洁生产指标水平提高较为明显。2015 年味精行业的平均发酵产酸率为 15.6%，较 2010年发酵产酸率提高了 2.44 个百分点，较《清洁生产标准　味精工业》中三级技术指标提高 56%，较二级技术指标提高 30%，较一级技术指标提高 15.5%；吨产品综合能耗 1.63 t 标煤，较 2010 年降低 6.8%，较《清洁生产标准　味精工业》中三级技术指标降低 14.2%，较二级技术指标降低 4.1%；吨产品平均水耗 46 t，较

2010 年下降 45.9%；吨产品粮耗 1.97 t，较 2010 年下降 14.7%。

5.1.3　味精行业应用的清洁生产技术及案例分析

味精行业在清洁生产推行中产生了很多实施效果较好的清洁生产技术，企业采用后获得了较好的经济效益和环境效益（表 5.1）。

表 5.1　味精行业清洁生产技术及案例分析

淀粉（玉米）生产技术			
序号	技术名称	主要内容	案例分析
1	全闭环湿法粉碎淀粉（玉米）生产技术	玉米淀粉将玉米用 0.3%亚硫酸浸渍后，通过破碎、过筛、沉淀、干燥、磨细等工序制成。当玉米加工过程采用以水环流为主线，包括物环流和热环流在内的封闭式湿法工艺进行，即为全闭环逆流环工艺	某味精企业年生产淀粉 25 万 t，采用浸泡水浓缩产生的冷凝水和发酵生产过程水作为玉米浸泡用水，淀粉生产仅需添加少量新鲜用水；一部分玉米浆去发酵配料用，一部分喷在玉米皮上经干燥做饲料。由于淀粉乳无须洗涤干燥直接进入糖化工序，因此淀粉生产过程的废水排放很少，仅为部分清洗废水，一般每隔 10～20 天才会有一次 10 t 左右废水进入末端处理，折合成吨淀粉废水产生量为 1～3 kg。微量废水采取和其他生产废水混合直接进入好氧处理，大大降低了末端废水的处理负荷。对比环境效益：国内基本水平湿法生产 1 t 玉米淀粉耗水 4.5～6 t，该企业实际取水量仅为 2.3 t/t 淀粉，达到了清洁生产国际先进（一级）水平；该企业玉米总产品干物收率达 99.5%，比国内基本水平 90%～95%高出近 5%～10%，达到了清洁生产国际先进（一级）水平
谷氨酸发酵工序			
序号	技术名称	主要内容	案例分析
1	高性能温敏型菌种定向选育、驯化及发酵过程控制技术	高性能温敏型菌种定向选育、驯化及发酵过程控制技术利用现代生物学手段定向改造现有温度敏感型菌种，选育出具有目的遗传性状、产酸率高的谷氨酸高产菌株，同时对高产菌株发酵生物合成网络进行代谢网络定量分析，结合发酵过程控制技术，优化发酵工艺条件，提高谷氨酸的产酸率和糖酸转化率	某企业通过采用本技术，产酸率提高到 17～18 g/dl，糖酸转化率提高到 65%～68%。采用该技术，不仅降低了谷氨酸吨产品粮耗和能耗，并通过提高产酸率和糖酸转化率达到了降低水耗、减少 COD 产生的目的

谷氨酸分离提取工艺

序号	技术名称	主要内容	案例分析
1	新型浓缩连续等电提取工艺	新型浓缩连续等电提取工艺采用新型浓缩连续等电提取工艺替代传统味精生产中的等电-离交工艺,对谷氨酸发酵液采用连续等电,并结合二次结晶与转晶以及喷浆造粒生产复混肥等技术,解决味精行业提取工段产生大量高浓离交废水的问题,因取消离子交换操作,大大减少液氨使用,有效减轻末端处理废水中COD和氨氮负荷;同时采用自动化热泵设备将结晶过程中的二次蒸汽回收利用,达到节约蒸汽,降低能耗的目的。本工艺的实施总体环境效益显著,降低了能耗、水耗以及化学品消耗,提高了产品质量,并减少了废水产生和排放	某公司从2002年至2007年,通过采用该工艺,取代了原提取工艺中能耗最大的回收等电上清液中谷氨酸的离子交换工艺,使谷氨酸提取成本大幅度降低,提取收率90%左右;虽然总体收率有所降低,但运行该工艺所节省的费用远远大于原等电离交工艺多提取谷氨酸的价值。该企业年产15万t谷氨酸规模,每年节约1.4亿元的辅料费用,节约制冷费用750万元,减少生产用水消耗110万 m^3,减少高浓度废水排放110万 m^3,极大地减轻了企业废水处理负荷。其谷氨酸纯度提高到98%,比国内同行业高出3%,生产的味精纯度99%以上,更加有利于参与国际竞争。 主要技术指标分析:浓缩发酵液谷氨酸含量30 g/100 mL以上,减少了废水排放量;连续等电温度:45℃,使得在等电过程中基本不需要致冷;提取分离温度:10℃;吨谷氨酸辅料消耗: H_2SO_4:0.48 t;提取总收率:90%;产品质量标准:谷氨酸纯度>98%,味精纯度>99%;大大提高了经济效益和环境效益
2	等电浓缩工艺(双结晶)	该工艺首先在结晶过程中有选择性地消除部分细晶,从而降低母液中残留谷氨酸的浓度;再利用蛋白质热变性高效絮凝除菌技术,去除母液中的菌体蛋白后,使得母液变得更加澄清;在利用谷氨酸蒸发结晶来获取谷氨酸的过程	某企业采用该技术后,高浓废水产生量:3 t/t谷氨酸,COD>5万~6万 mg/L,氨氮1万~2万 mg/L,汽耗1.3 t/t谷氨酸,提取收率93%,硫酸消耗0.4~0.5 t/t谷氨酸,液氨消耗0.26~0.27 t/t谷氨酸。与谷氨酸浓缩等电结晶工艺相比,主要是提高了提取收率和进一步降低了高浓废水产生量,浓缩等电与双结晶由于未引入新鲜水,两者汽耗相差不大,其他物耗和能耗差别不大,高浓度废水产生量减少了40%。节能减排效果又有大幅度提高

尾液综合利用技术

序号	技术名称	主要内容	案例分析
1	发酵母液综合利用新工艺	味精生产中提取谷氨酸后的发酵母液有机物含量高,酸性大,处理较困难。发酵母液综合利用新工艺将剩余的结晶母液采用多效蒸发器浓缩,再	某企业投资1 550万元建设年产6万t复合肥生产能力,运行成本:300元/t复合肥,通过絮凝气浮技术可从高浓度发酵废母液中提取菌体蛋白达4 000 t/a(按味精产量 $4×10^4$ t/a计算),使高浓度废水的COD削减50%以上。同时喷

尾液综合利用技术

序号	技术名称	主要内容	案例分析
1	发酵母液综合利用新工艺	经雾化后送入喷浆造粒机内造粒烘干，制成有机复合肥，至此发酵母液完得到利用，实现发酵母液的零排放。工艺中利用非金属导电复合材料的静电处理设备处理喷浆造粒过程中产生的具有较强异味的烟气，处理效率可达95%以上。该工艺不但可将剩余发酵母液完全利用，同时还解决了由喷浆造粒产生的烟气的污染问题，具有显著的经济效益、环境效益和社会效益	浆造粒技术可把味精发酵尾液全部转化为商品出售，每年可减少 COD 排放量（以年产 6 万 t 谷氨酸为例）6 500 t、氨氮 2 260 t，实现废水达标排放，每年可生产 6 万多吨有机无机复合肥，每吨利润 200 元，年利润 1 200 万元。避免了废水可能带来的环境污染，但也存在喷浆造粒过程中产生的大量有机烟气，如未能有效治理，则对周围的大气环境产生二次污染
2	絮凝气浮法生产菌体蛋白技术	该技术采用热絮凝和化学絮凝剂双重作用使废母液中的菌体絮凝，再通过气浮过程将菌体与清母液分离，分理处的湿菌体经烘干后即为菌体蛋白	某味精企业采用等电离交工艺分离提取谷氨酸，从高浓度离交废母液中提取蛋白饲料达 4 000 t/a（按味精产量 4×10^4 t/a 计算），使高浓度废水的 COD 削减 50%以上
3	浓缩结晶制备硫酸铵技术	该技术奖提取菌体蛋白后的离交废母液蒸发浓缩至硫酸铵的饱和溶液，通过结晶、离心分离制备硫酸铵晶体	某味精企业从制取菌体蛋白后的离交废母液中提取出硫酸铵 2×10^4 t/a 和脱盐母液 1×10^4 t/a（按味精产量为 4×10^4 t/a 计算）使制取菌体蛋白后废水的 COD 削减 90%以上，氨氮削减95%以上

生产用水循环利用技术

序号	技术名称	主要内容	案例分析
1	阶梯式水循环利用技术	阶梯式水循环利用技术将温度较低的新鲜水用于结晶等工序的降温；将温度较高的降温水供给其他生产环节，通过提高过程水温度，降低能耗；将冷却器冷却水及各种泵冷却水降温后循环利用；糖车间蒸发冷却水水质较好且温度较高，可供淀粉车间用于淀粉乳洗涤，既节约用水，又降低蒸汽消耗；在末端利用多级处	某公司 2006 年投资 4 000 万元创新阶梯利用技术。在"3R"理论即"减量化、资源化、循环再利用"的指导下，通过对发酵工艺降温水、冷却水、生产洗涤水、生活用水包括锅炉用水等进行统筹集成，采取"清污分流、阶梯利用、科学治理"的方法，形成了以"用为主、治为辅"的全过程污染预防的清洁生产理念和技术路线，生产全程新鲜用水已降至 30 t/t 味精，远远低于味精行业吨产品取水 100 t 的标准。企业每天阶梯利用与节水 3.5 万 m^3，节水率达 88%。每年节约水资源 1 207 万 m^3，

生产用水循环利用技术			
序号	技术名称	主要内容	案例分析
1	阶梯式水循环利用技术	理技术,使综合废水达到超级净化,实现废水回用。本工艺通过对生产工艺的技术改造及合理布局,加强各生产环节之间水协调,实现了水的循环使用,降低了味精生产用新鲜水量。本技术具有投资少,效益高的特点,采用本技术企业每年至少可节水50%	创效2 414万元。另外,在水阶梯利用的同时,也充分利用了水中的热能,年节约标准煤1.64万t,节约资金近1 000万元

蒸发设备及蒸汽、废气利用技术			
序号	技术名称	主要内容	案例分析
1	谷氨酸生产过程中蒸汽余热梯度利用技术	谷氨酸生产过程中蒸汽余热梯度利用技术采用高热蒸汽冷凝水替代蒸汽为溴化锂制冷机组提供动能;改造结晶罐加热系统,增大加热面积,充分利用蒸汽余热;利用冷凝水热能替代蒸汽烘干谷氨酸钠,充分利用淀粉乳二次液化闪蒸余热再利用	某企业年产8万t味精,采用该技术后,年节能约4万t标煤
2	多效蒸发设备	该技术通过将蒸发器、分离器、换热器等连接起来,以前一效蒸发器内蒸发时所产生的二次蒸汽用作后一效蒸发器的加热蒸汽连续进行料液浓缩操作。每一蒸发器成为一效,常用的有双效蒸发、三效蒸发、四效蒸发等	某企业在生产过程中,采用四效蒸发器进行料液浓缩,蒸汽消耗比单效蒸发器节约45%,同时节约50%冷却水使用量。以年生产味精20万t企业为例,单位产品耗水量降低45%,年节水1 500万t,能源消耗平均降低50%
3	机械式蒸汽压缩技术	机械式蒸汽压缩技术是利用高能效蒸汽压缩机压缩蒸发系统产生的二次蒸汽,提高二次蒸汽的热焓,提高了热焓的二次蒸汽再次进入蒸发系统作为热源循环使用,以取代绝大部分新鲜的一次蒸汽用量,一次蒸汽仅用于补充热损失和补充进出料温差所需热焓,从而大幅度降低蒸发器的一次蒸汽消耗,达到节能目的	某企业采用该技术,以50 t/h的机械再压缩蒸发器替代相同蒸发量的传统四效蒸发器,年节能量约1.4万t标煤

蒸发设备及蒸汽、废气利用技术			
序号	技术名称	主要内容	案例分析
4	管束干燥机废气回收综合利用技术	在玉米淀粉生产过程中会产生30%的副产物，这些副产物主要为玉米皮、玉米胚芽等，其干燥技术均采用管束干燥机，玉米浸泡水则基本采用蒸发浓缩生产玉米浆的加工工艺。在管束干燥过程中将会产生大量的废气（具有的热能值得回收），废气中含有少量的纤维、蛋白，若直接进入蒸发器会黏附在换热管外壁上，不但影响传热，而且时间长了会导致蒸发器壳程空间堵塞，导致废气无法利用。因此，必须对副产品烘干产生的废气进行净化处理。 管束烘干机产生的废气汇总后，经洗汽塔洗涤净化，被引风机引入玉米浆蒸发器利用，物料浓缩产生的蒸汽供给第二效蒸发器加热	某企业年产15万t淀粉，采用该技术，年节能量约3500 t标煤

水处理技术			
序号	技术名称	主要内容	案例分析
1	上流式厌氧污泥床反应器厌氧生物处理技术（UASB）	反应器分为两个区域：反应区和气、液、固三相分离区。在反应区下部，是由沉淀性能良好的颗粒污泥行程的厌氧污泥床。废水通过厌氧反应器的底部进入，利用底部的布水系统将废水均匀地布置在整个截面上，同时利用进水的出口压力和产气作用，使废水与高浓度的厌氧污泥充分接触和传质，将废水中的有机物降解。废水在反应区缓慢上升，进一步降解有机物	某味精企业建设的 UASB 处理淀粉及制糖废水，电耗 1.2kW·h/t 废水，废水处理量 500 m³/d，进口 COD 浓度 8 000 mg/L，出口 COD 浓度 750 mg/L，运行成本仅 0.7 元/t 废水，大大降低了后续好氧处理的有机负荷

			水处理技术	
序号	技术名称	主要内容		案例分析
2	内循环厌氧反应器厌氧生物处理技术（IC）	该反应器的特点是在一个反应器内将有机物的生物降解分为两个阶段，底部一个阶段处于高负荷，上部一个阶段处于低负荷。进水由反应器底部进入第一反应室与厌氧颗粒污泥均匀混合，大部分有机物在这里被降解而转化为沼气，所产生的沼气被第一厌氧反应室的集气罩手机，沼气将沿着升流管上升，沼气上升的同时把第一厌氧反应室的混合液提升至IC反应器顶部的气-液分离器，被分离出的沼气从气液分离器顶部的导管排走，分理处的泥水混合液将沿着回流管返回到第一厌氧反应室的底部，并与底部的颗粒污泥和进水充分混合，实现了混合液的内部循环		某企业淀粉废水废水量为 700 m³/d，经 IC 反应器并经曝气池和砂滤处理后，出水水质达到《污水综合排放标准》三级标准。进水 COD 为 4 900 mg/L，BOD 为 2 490 mg/L，SS 为 860 mg/L，出水 COD 为 285 mg/L，BOD 为 114 mg/L，SS 为 140 mg/L。经过处理后，每年少向环境排放 COD 为 1 179 t、SS 为 184 t

			其他技术	
序号	技术名称	主要内容		案例分析
1	新型生物反应器和高效节能生物发酵技术	新型生物反应器和高效节能生物发酵技术主要包括两部分内容，分别如下：（1）发酵用压缩空气新型冷却及能量利用技术：空压机制取压缩空气，出口空气降温由水冷转为风冷的技术改造。压缩空气制取方式采用轴流式风机及两台电动离心机供应，其出口温度为 185℃，为满足工艺要求，需降温至 110℃左右。该技术采用风冷替代水冷的冷却方式，被加热的空气作为烘干发酵菌渣的加热剂，即提高了有效热能二		某企业采用新型生物反应器和高效节能生物发酵新技术后，吨产品能耗由 1 t 标煤降到 0.8 t 标煤，实现能耗降低 20%

		其他技术	
序号	技术名称	主要内容	案例分析
1	新型生物反应器和高效节能生物发酵技术	次利用，也可节省循环水量。 （2）新型气升式二次补气发酵技术：增加发酵罐高度，利用文丘里管的喷射搅拌作用代替搅拌电机，可省去发酵罐搅拌电动机，克服了普通的气升式发酵罐内的导流筒只有导流作用、不能调节温度的难题。本技术的导流筒具有调温和导流两种作用，并且为双面换热，高效节能；同时，导流桶中上部增加二次补气环管，管内空气向下喷射，利用发酵罐内循环液把此部分空气带回到空气喷嘴处，再与发酵液混合向上喷入气升桶，提高发酵液溶氧率和空气利用率，从而降低生产成本	

5.2　味精行业清洁生产潜力分析

5.2.1　味精行业清洁生产技术发展方向

近年来，我国味精工业整体上取得了长足发展，实现了跨越式发展。但与国际先进水平相比，还存在能耗较高、水耗较高和环境污染比较严重等问题。为了缩小与国际先进水平的差距，提高我国味精工业整体竞争力，在未来一段时期内，我国味精工业应从菌种、生产工艺、节能设备及污染治理技术等方面，加强产学研用相结合，突破制约行业发展的共性关键问题，提高我国味精工业清洁生产技术水平，实现行业持续健康发展。

（1）利用现代生物技术筛选、改造和构建味精工业高效生产菌种

清洁生产指标存在差异的主要原因在于谷氨酸发酵、提取与分离过程中使用的菌种不同。发酵工业离不开菌种，发酵过程的成功开发涉及许多环节，其中菌株的改良与选育是决定生产成败至关重要的一环。菌种是发酵的基础，既是发酵过程成败的关键，更是体现经济效益和工作效率的关键。先进发达国家非常注重

菌种对原料的转化率的影响，利用菌种新技术降低生产成本和污染物排放，合理使用资源，保护环境，已初步完成了规模化和产业化推广。而我国发酵工业用于生产的菌种总体水平较低，单位产品生产成本高、原料利用率低、适用范围小；拥有自主知识产权的菌种少，综合技术水平与国际先进水平还有相当大的差距，在自主创新、降低生产成本、提高发酵原料利用率、降低污染物排放、合理使用资源保护环境、提高国际竞争力等方面还有待加强。

（2）利用现代发酵工程调控与代谢调控技术，优化发酵工艺

发酵过程优化是在已经提供的菌种或基因工程菌基础上，在生物反应器中通过操作条件的研究或生物反应器选型改造，达到发酵产品生产能力最大、成本最低或产品质量最高的技术。目前，我国许多发酵产品的生产量已经处于世界第一，但与国际水平仍然存在差距，主要表现为生产成本高、市场竞争能力弱。国内大中型发酵企业，对发酵过程的控制还主要依赖于传统经验模式，现有技术手段只能对外在的温度、溶解氧、pH值等条件和因素进行监测和调控，只能针对外部条件进行滞后性的处理和调控，并不能从根本上系统的分析和解决发酵过程遇到的问题，滞后太久或处理不当很容易引起发酵失败，给企业造成经济损失。因此，利用现代发酵工程调控与代谢调控技术，优化发酵工艺，提高产率，降低原料、能源、水等资源的消耗水平，减少废物产生，对于味精工业发展循环经济具有重要意义。

（3）开发应用绿色环保、节能降耗的关键共性产业化技术和装备

目前，先进国家企业已基本上全面实施清洁生产，不断改进生产工艺、使用清洁的能源和原料、采用先进的工艺技术与设备、改善管理、综合利用等措施，从源头削减污染，提高资源利用效率，减少或者避免生产、服务和产品使用过程中污染物的产生和排放，通过资源的综合利用，稀缺资源的代用，二次能源的利用，以及节能、降耗、节水等措施，合理利用自然资源，减缓资源的耗竭。近年来，我国在行业末端治理共性技术方面也开展了较系统的研究，形成了一批具有较高水平、甚至原始创新的技术成果，这些技术已初步具备产业化示范的基础和条件。但国内很多企业以市场和销售为出发点，并以最大限度和最快速度的赢利为目的，且由于现阶段清洁生产产生的环境效益只是间接、而不是直接的，企业的环保意识与清洁生产的意识不强，再加上大部分节能环保技术前期投资较大，所以节能环保技术在企业中的推广相对较难，企业仍然以采用末端处理技术工艺为主，与国外相比具有很大的差距。

与此同时，我国在发酵行业的装备领域取得了长足的进步，但与发达国家和国际先进企业相比，还有较大差距。主要面临以下问题：发酵装备行业品种、型

号均较少，成套产品更少。发酵装备生产企业分散，规模小，创新不足，产品多为仿制，自主知识产权少，关键零部件均用国外的品牌。尚未形成与发酵行业结合紧密的专业的发酵设备龙头企业，更未形成以龙头企业为核心的发酵装备研发链和产业链，未形成真正的发酵装备制造行业。

（4）开发新型末端处理技术，选育污水处理高效菌株，提高污水处理效率，降低环保处理成本

在废水生物处理系统中，水中污染物的去除主要是通过微生物的氧化降解作用来完成，微生物氧化降解能力直接关系到处理效果的好坏。近几十年来，由于工业的不断发展，新技术、新材料的不断使用，使环境中污染物变得更加复杂，特别是大量的人工合成化合物进入环境。由于这些物质本身结构的复杂和生物的陌生性，所以在短时间内不能被微生物分解利用，传统的废水处理工艺已不能有效地加以去除。另外，由于城市建设的不断发展，城市用地逐年紧张，而传统污水处理工艺流程长，占地面积大，操作复杂等矛盾也日趋突出。因此，利用现代生物技术，通过驯化、筛选、诱变、基因重组等技术手段选育污水处理高效菌株，同时开发新型末端处理技术，对于提高企业污水处理效率，降低环保处理成本具有重要意义。

5.2.2　味精行业清洁生产技术应用分析

在国家产业政策的指导下，味精行业已逐步认识到节能减排和清洁生产的重要性和必要性，并逐步加大资金支持力度以用于菌种改造、优化生产工艺、更新生产设备、建设环保处理设施等方面。经过近几年味精行业环保核查发现，味精行业采用的新工艺、新技术及新设备均为行业清洁生产水平的提高奠定了较好的基础。

味精行业近年来在生产及环保中采用了多项清洁生产技术和措施，主要包括：改造和驯化现有味精生产菌种、分离提取工艺的改造和优化、尾液综合利用处理技术、生产用水循环再利用技术、蒸汽废气综合利用技术、污水处理技术改造及优化、新型污水处理设施应用等。这些清洁生产技术的应用，使得企业取得了良好的清洁生产效果，现已在企业中进行推广应用。以下是某味精生产企业通过开展清洁生产审核，在味精制取的四个阶段中采用先进清洁生产技术路线大大提高清洁生产水平的案例，具有行业代表性。

某味精生产企业（生产能力 20 万 t/a），2007 年年底开展清洁生产审核，并实施清洁生产中/高费方案，在制取味精产品的各个生产阶段中采用了清洁生产技术，如表 5.2 所示；企业开展清洁生产审核后各项指标情况见表 5.3。

表 5.2　某味精生产企业采用的代表性清洁生产技术及实施效果

序号	生产阶段	采用的清洁生产技术	实施效果
1	制取淀粉水解糖	全闭环湿法粉碎淀粉	实际取水量仅为 2.3 t/t 淀粉，达到了清洁生产国际先进（一级）水平
2	谷氨酸发酵	①高性能温敏型生产菌种	产酸率提高到 17～18 g/dl，糖酸转化率提高到 65%～68%。降低了谷氨酸吨产品粮耗和能耗，并通过提高产酸率和糖酸转化率降低了水耗、减少了 COD 的产生
		②提高发酵罐容积	降低单位产品、单位体积能耗、提高发酵效率
3	提取、分离谷氨酸	①新型浓缩连续等电工提取工艺	取代了原提取工艺中能耗最大的回收等电上清液中谷氨酸的离子交换工艺，使谷氨酸提取成本大幅度降低，极大减轻了企业废水处理负荷。谷氨酸纯度提高到 98%，比国内同行业高出 3%，生产的味精纯度 99% 以上
		②蒸汽阶梯式综合利用技术	降低了生产中蒸汽的消耗，且生产全程新鲜用水已降至 30 t/t 味精，远远低于味精行业吨产品取水 100 t 的标准
		③发酵母液综合利用新工艺	发酵母液综合利用新工艺将剩余的结晶母液采用多效蒸发器浓缩，再经雾化后送入喷浆造粒机内造粒烘干，制成有机复合肥，实现了发酵母液的零排放
4	谷氨酸精制味精	使用多效蒸发设备	采用四效蒸发器进行料液浓缩，污染蒸汽消耗比单效蒸发器节约 45%，同时节约 50% 冷却水使用量，单位产品耗水量降低 45%，年节水 1 500 万 t，能源消耗平均降低 50%

表 5.3　某味精企业开展清洁生产审核前后清洁生产指标变化情况表

项目 指标 （吨产品）	2006 年	2011 年	备注
产酸率	10.12%	14.10%	提高 3.9%
粮耗/t	2.6	2.2	降低 15.38%，年节约玉米 8 万 t
水耗/t	120	70	降低 36.4%，年减少新鲜水消耗 1 000 万 t
能耗/t 标煤	2.2	1.68	降低 23.64%
废水排放量/t	110	60	降低 45.45%
COD 排放量/kg	28	8	降低 71.4%

除表 5.3 中的数据内容之外，该企业通过开展清洁生产审核还带来了其他好处：企业可产生 20 万 t 复合肥，按市场价格 1 000 元/t 计算，可获利 2 亿元；产生沼气可用于厂区发电，节省能源利用；其他副产品，如生产的菌体蛋白、硫酸铵等均可创造一定的经济效益。

5.2.3　味精行业清洁生产潜力预测

近年来，发达国家为了保护本国利益，设置一些发展中国家目前难以达到的资源环境技术标准，不仅要求产品符合环保要求，而且规定从产品开发、生产、包装、运输、使用、回收等各个环节都要符合环保要求。为了避免因绿色贸易壁垒对我国出口产品造成的影响，只有全过程实施清洁生产，才能在国际市场竞争中处于不败之地。

我国味精生产企业之间清洁生产水平仍存在较大的差距，部分企业与国内先进清洁生产水平企业的 COD 产生量相差 100～200 kg/t 产品。如何通过改造菌种、改进工艺、升级设备、提高效率缩短这个差距是当前企业提高清洁生产水平、挖掘清洁生产潜力的目标和着力点。"十二五"期间，味精行业推广了新型浓缩连续等电提取工艺技术替代等电离交生产工艺。降低了能耗、水耗与化学品消耗，减少了废水的产生和排放，提高了味精生产水平，大幅度降低了生产成本。

同时味精行业还将继续推动菌种的改造驯化工作、中低浓度废水循环再利用技术、蒸汽蓄热器、多效蒸发器、废水再生利用技术、沼气综合利用技术、固体废物综合利用技术等成熟清洁生产技术或设备在行业中的应用，并加大清洁生产技术研发与推广力度。味精行业通过采用各项清洁生产技术，不断优化生产工艺、更新生产设备，行业整体技术水平将有较大提高，味精行业清洁生产潜力将进一步被开发，预计"十三五"末期味精行业各项消耗指标与污染物产生量进一步降低（见表 5.4）。

表 5.4　"十三五"期间味精行业各项清洁生产生产指标（预测）

	产酸率	粮耗/（t/t）	能耗/（t/t 标煤）	水耗/（t/t）
2015 年平均水平	15.6%	1.97	1.63	46
预计"十三五"末期平均水平	16.5%	1.93	1.55	35
吨产品减少消耗	提高 5.8%	2%	4.9%	23.9%

在保持 2015 年味精产量 230 万 t 不变的情况下，预计"十三五"末期味精行业可减少玉米消耗 4.6 万 t，减少能耗 11.27 万 t 标煤，减少废水产生与排放 54.97 万 t。

第6章　味精行业推行清洁生产政策建议

6.1　强化政府政策引导，制定和完善相关的法律法规

面对严峻的环境挑战，味精行业能否走得更远，很大程度上取决于企业能否将清洁生产持续开展下去。为了让企业明晰未来国家对味精行业清洁生产活动的统筹安排，有必要制订味精行业清洁生产发展规划，明确政府管理部门、企业和相关协会的责任分工，以及推行工作重点任务和保障措施，为我国味精行业整体清洁生产推进体系的建立形成层次清晰、目标明确的宏观战略指导。推进味精行业的清洁生产活动的发展，必须要有良好的政策激励和严格的法律规范。现阶段，应借鉴国外味精行业的成功经验，结合国内味精行业的实际情况，建立完善的味精行业清洁生产推进政策体系。

6.2　加大财政扶持力度，给予税收支持

资金投入是推行清洁生产、促进技术进步的重要保证。各级政府应安排专门的清洁生产财政支出，资助行业有共性的重点清洁生产技术、产品、设备的开发与推广。对清洁生产中的资源综合利用、节能降耗等项目和利用"三废"生产的产品，按照国家有关规定给予税收优惠；对符合国家资源综合利用税收优惠政策规定条件的，经认定后，税务部门予以办理减免税；对实施清洁生产技术开发和技术转让所得收入可按国家有关规定享受减免税收优惠；对技改项目中国内不能生产而直接用于清洁生产的进口设备、仪器和技术资料，可以享受国家有关进口税减免优惠政策；应对节能、降耗、减污、综合利用等清洁生产关键技术进行评估，选出具有指导意义和推广价值的清洁生产项目，优先列为有关部门及行业的重点经济发展项目予以实施与推广。

6.3　注重技术研发，增强技术储备，健全科技支撑体系

要将清洁生产与国民经济和社会发展中迫切需要解决的，带有全局性、方向性和基础性的资源综合利用和环境保护问题紧密结合在一起，作为科学研究开发

的一个重点。坚持原始创新、继承创新和引进消化吸收再创新相结合，集聚国内外优质科技资源，在高起点上推进自主创新。同时，针对各地亟须解决的重点流域、重点区域、重点企业环境污染的关键共性问题，将清洁生产审核作为突破口，以应用研究为主，强化先进适用技术的示范推广，不断提升环境科技创新的实效。广泛动员全社会的力量参与研究和技术开发，有效整合各级科研机构、高校和企业的力量，实现科技资源优化配置和科学利用，总体推进创新进程。

6.4　树立企业典范，积极推广清洁生产技术

近几年，味精行业节能减排、清洁生产等方面进步较大，其中先进企业的研发、开拓和带动至关重要。应树立先进示范企业，建立示范工程，将采用先进清洁生产技术和设备进行生产并产生良好效益的企业作为典范进行推广，增加行业内其他企业对先进清洁生产技术和设备的了解和认识，从而加快先进清洁生产技术和设备的推广，带动和提升整个行业清洁水平。如在行业内支持有实力的企业加快技术创新和研发，尽快在生产中采用新型色谱分离提取技术替代传统钙盐法提取技术，为其他企业树立典范。

6.5　做好企业清洁生产宣传和培训工作

企业是实施清洁生产的主体，要实现"环境效益"和"经济效益"的双赢，企业管理者的认识是最重要的影响因素，要组织对企业管理人员和技术骨干进行清洁生产培训，提高他们对清洁生产的管理水平，使他们明确清洁生产的重要意义和必要性，提高开展清洁生产的积极性和自觉性，使清洁生产成为企业的自觉行为，清洁生产才会有旺盛的生命力。

6.6　以清洁生产审核为切入点，有效推进行业清洁生产

经过几年的整合和环保核查，对味精行业企业信息掌握翔实，企业现有的工艺、技术、设备及资源利用、污染物排放指标清晰明了，开展清洁生产审核具有良好的基础。国家和政府部门应该充分发挥企业技术人员的优势，组织所有企业管理者和技术骨干进行味精行业清洁生产审核方法学的培训，让企业自行来开展，以此为突破口，鼓励企业挖掘自身清洁生产潜力，积极有效地提出清洁生产方案，通过方案实施，从根本上提高企业清洁生产水平。

6.7   充分发挥行业协会优势，建立味精行业清洁生产技术咨询服务支撑体系

搭建行业清洁生产推广服务平台，充分发挥和丰富协会职能，建立健全行业清洁生产服务机制，在国家和企业之间发挥上传下达的作用。一是要针对味精行业清洁生产发展状况及国家产业政策调整，及时给企业进行解读和预警，使企业能够及时调整发展思路，准确把握政策和市场变化，帮助企业实施清洁生产；二是要以企业需求和行业共性问题为导向，反向集成清洁生产技术资源，实现效益最大化，有利于先进的清洁生产技术成果面向全行业的推广应用；三是要充分发挥行业的专业优势，组织既有行业背景又掌握清洁生产审核方法学技能的专家，建立针对味精行业关键共性问题的清洁生产方案库，实施行业内的推广和实践，帮助提升企业清洁生产水平。

附　录

附录 1　达到环保要求的味精生产企业名单（2 次）

附录 1-1　2010 年环境保护部第 36 号公告

环境保护部公告

2010 年　第 36 号

关于公布达到环保要求的味精生产企业名单的公告

经中国发酵工业协会、各企业所在地省级环境保护行政主管部门以及华北、华东、华南、西北、东北环境保护督查中心现场核查，下列味精生产企业 2009 年度基本达到环保要求：

一、河北省

（一）梅花生物科技集团股份有限公司（霸州市）

二、内蒙古自治区

（二）通辽梅花生物科技有限公司（通辽市）

三、辽宁省

（三）沈阳红梅味精股份有限公司（沈阳市）

四、黑龙江省

（四）哈尔滨菊花生物科技有限公司（双城市）

五、山东省

（五）山东茌平春蕊生物食品有限公司（茌平县）

（六）山东三九味精有限公司（茌平县）

（七）山东齐鲁味精食品集团有限公司（茌平县）

（八）山东信乐味精有限公司（茌平县）

（九）山东雪花生物化工股份有限公司（济宁市）

（十）山东阜丰发酵有限公司（莒南县）

（十一）德州华茂生物科技有限公司（德州市）

六、陕西省

（十二）宝鸡阜丰生物科技有限公司（宝鸡市）

七、宁夏回族自治区

（十三）宁夏伊品生物科技股份有限公司（银川市）

特此公告。

二〇一〇年三月十九日

附录 1-2　2013 年环境保护部第 8 号公告

环境保护部公告

2013 年　第 8 号

关于发布符合环保法律法规要求的味精企业名单（第 1 批）的公告

为贯彻落实《国家发展改革委　环境保护部关于 2010 年玉米深加工在建项目清理情况的通报和开展玉米深加工调整整顿专项行动的通知》（发改产业[2011]1129 号），我部于 2011 年 11 月印发了《关于开展柠檬酸、味精生产企业环保核查工作的通知》（环办函[2011]1272 号），组织开展味精企业环保核查工作。经中国生物发酵产业协会、各企业所在地省级环境保护行政主管部门以及环境保护部各督查中心现场检查和社会公示，我部形成了第 1 批符合环保法律法规要求的味精企业名单，现予以公告（名单见附件）。

附件：符合环保法律法规要求的味精企业名单（第 1 批）

环境保护部
2013 年 2 月 5 日

附件

符合环保法律法规要求的味精企业名单（第 1 批）

1. 梅花生物科技集团股份有限公司霸州分公司
2. 通辽梅花生物科技有限公司
3. 内蒙古阜丰生物科技有限公司
4. 环宇格林粮食开发有限公司
5. 哈尔滨菊花生物科技有限公司
6. 福建省建阳武夷味精有限公司
7. 山东信乐味精有限公司
8. 山东三九味精有限公司
9. 山东齐鲁味精食品集团有限公司
10. 山东茌平春蕊生物食品有限公司
11. 山东雪花生物化工股份有限公司
12. 河南莲花味精股份有限公司
13. 河南巨龙生物工程股份有限公司
14. 宝鸡阜丰生物科技有限公司
15. 宁夏伊品生物科技股份有限公司
16. 宁夏圣花米来生物工程有限公司

附录2 工业行业淘汰落后产能企业名单公告（4批）

附录2-1 2010年工业和信息化部第111号公告

中华人民共和国工业和信息化部公告

工产业[2010]第111号

按照《国务院关于进一步加强淘汰落后产能工作的通知》（国发[2010]7号）、《国务院关于进一步加大工作力度确保实现"十一五"节能减排目标的通知》（国发[2010]12号）和《关于下达2010年工业行业淘汰落后产能目标任务的通知》（工信部产业[2010]251号）要求，截至目前，各省、自治区、直辖市已将2010年工业行业淘汰落后产能目标任务分解落实到企业，并将淘汰落后产能企业名单在当地媒体上进行了公告。在各省、自治区、直辖市公告淘汰落后产能企业名单的基础上，现将2010年炼铁、炼钢、焦炭、铁合金、电石、电解铝、铜冶炼、铅冶炼、锌冶炼、水泥、玻璃、造纸、酒精、味精、柠檬酸、制革、印染和化纤等行业淘汰落后产能企业名单予以公告（见附件）。有关方面要采取有效措施，确保列入名单企业的落后产能在2010年9月底前关停。

附件：2010年工业行业淘汰落后产能企业名单

工业和信息化部

二〇一〇年八月五日

附件：

2010 年味精淘汰落后产能企业名单

序号	省（区）	企业名称	淘汰生产线（设备）型号及数量	产能/万 t
1	山东省	临沂金华味精厂	15 m³ 结晶罐 3 台	2.4
2	河南省	河南汤阴县莲花生物工程有限公司	味精生产线及附属设备	2
3	河南省	河南莲花天安食业有限公司	BW800-35 板框压滤机 20 台、150 m³ 玉米储罐 2 个、100 m³ 淀粉浸泡罐 8 个、针磨 6 台、GHR-525 烘干机 4 台	2.2
4	河南省	河南莲花味精股份有限公司	80 m³ 玉米储仓 2 个，80 m³ 淀粉罐 4 个，80 m³ 糖化罐 2 个及烘干机、分离机、粉碎机等设备	2.29
5	河南省	河南莲花面粉有限公司	震动筛、去石机、精选机、打麦机、着水机、高压风机、磨粉机、打麸机、清粉机、高方平筛、埋刮板输送机、网带初清筛、斗式提升机	6
6	河南省	扶沟县味精厂	60 m³ 发酵罐 15 个，70 m³ 等电罐 22 个，100 m³ 糖化罐 6 个，4 t 锅炉 3 台，6 t 锅炉 1 台，80 m³ 空压机 2 台，40 m³ 压机 8 台，20 m³ 冷冻机 5 台，300 分离机 8 台	3.6
7	广东省	广东星湖生物科技股份有限公司	味精生产线 1 套	1

附录 2-2　2011 年味精淘汰落后产能企业名单

2011 年味精淘汰落后产能企业名单

序号	省份	企业名称	淘汰生产线（设备）型号及数量	产能/万 t
1	山东	鄄城菱花味精有限责任公司	6 台发酵罐、15 台等电罐、4 台结晶罐、3 台种子罐、4 台空压机、4 台冰机、4 台锅炉	3
2	山东	单县荣氏调味品有限公司	2 000×3 000 浓缩锅 3 台、碳柱 6 台、600×4 500 硫化床分目筛 4 台	1.2
3	河南	河南莲花味精股份有限公司	1.2 万 t 中和液生产线：150 t 发酵罐 4 只、36 m³ 种子罐 4 只、消高糖罐 4 只、维持罐 1 套等附属设备。离心式冷水机组 5 台、活塞式空压机 6 台	2.49
4	河南	河南天安糖业有限公司	4 600×6 200×500 规格储浆罐 3 只、200 m³ 糖化罐 5 只、真空转鼓过滤机 3 台、¢1 800×5 000 规格离子交换柱 12 套、1 910×5 000 型号液料高位槽 6 个	1.69

附录 2-3　2012 年味精淘汰落后产能企业名单

2012 年味精淘汰落后产能企业名单

序号	省份	企业名称	淘汰生产线（设备）型号及数量	产能/万 t
1	河南	河南莲花味精股份有限公司	味精生产线 1 条：7 m³ 结晶罐 9 个、200 m³ 发酵罐 6 个、20 m³ 种子罐 3 个、200 m³ 糖化罐 6 个、脱色罐 8 个、母液储料罐 4 个、贮水槽 4 个、SS800 离心机 4 台、化碱罐 4 个、70 m³ 空压机 4 台等附属设备 106 台套	3.2
2	河南	河南莲花面粉有限公司	味精生产线：磨粉机 MDDK 型 15 台、200 m³ 糖化罐 18 个、200 m³ 发酵罐 12 个、20 m³ 种子罐 6 个、7 m³ 结晶罐 18 个、SS800 离心机 8 台、70 m³ 空压机 4 台等设备 165 台套	5
3	河南	河南莲花酶工程有限公司	味精生产线：150 m³ 糖化罐 13 个、100 m³ 发酵罐 12 个、10 m³ 种子罐 6 个、8 m³ 结晶罐 8 个、SS800 离心机 4 台、40 m³ 空压机 8 个、10 t 锅炉 2 台等设备 96 台套	3.1
4	江西	九江大厨味精制造有限公司	味精生产线 5 条：200 m³ 发酵罐 6 个、200 m³ 糖化罐 8 个、15 m³ 结晶罐 5 个、种子罐 2 个、空压机 4 台、锅炉 2 台等	3

附录 2-4　2013 年味精淘汰落后产能企业名单

2013 年味精淘汰落后产能企业名单

序号	省份	企业名称	淘汰生产线（设备）型号及数量	产能/万 t
1	山东	山东阜丰发酵有限公司	年产 10 万 t 味精生产线 1 条：高温 12 m³（0.3～0.6 MPa 12 台）、低温 5 m³（0.3～0.6MPa 2 台）糊化设备共计 14 台、（250 m³3 个、150 m³24 个）发酵罐共计 27 个、（30 m³4 个、15 m³10 个）结晶罐 共计 14 个、（40 m³5 台、80 m³6 台）空压机共计 11 台、（75 万大卡 2 台、100 万大卡 2 台）制冷机共计 4 台、75T 锅炉 1 台等设备共计 70 台（个）	10
2	河南	河南莲花味精股份有限公司	8 万 t 味精生产线 1 条：200 m³ 发酵罐 15 个，100 m³ 糖化罐 30 个，80 m³ 等电罐 37 个，16 m³ 种子罐 8 个，18 m³ 脱色罐 18 个，12 m³ 结晶罐 18 个，离心机 13 台等附属设备 593 台（个）	8
3	宁夏	宁夏万胜生物工程有限公司	年产 4 万 t 味精生产线 1 条：350 m³ 发酵罐 7 个、200 m³ 结晶罐 9 个、制冷机 2 台、6 t/h 蒸汽锅炉 3 台、30 t/三效蒸发器 1 台、30 t/四效蒸发器 1 台、10 t/四效蒸发器 1 台、50 m³ 转晶洗晶罐 2 台等设备共计 973 台（个）	4
4	山东	济宁市晟昱味精有限公司	15 m³ 中和搅拌罐 8 个、30 m³ 发酵罐 8 个，16 m³ 结晶罐 3 个、碳柱 8 台，压滤机 3 台，制冷剂 6 台，硫化床 1 台，4 t 锅炉 3 台等	0.6
5	河南	河南莲花天安食业有限公司	φ2.5×3.5M 型洗米罐 15 个，φMS60D 型砂盘磨 14 个，BW800-35 型板框压滤机 6 台，φ2×3M 型二次脱色罐 6 个，φ1.65×5M 型树脂罐 6 个，SS-1 000 型分离机 6 台，RTK6CTE25CTRS 型离心机组 2 台，DZJF-B-50 型筛分机 6 台，4L-40/2-3.2 型空压机 4 台，200 m³ 发酵罐 6 只，30 m³ 连续下番结晶罐 2 套，200 m³ 糖罐 6 只，8 m³ 层流罐 10 只，空压机 4 台，制冷机组 3 台，分离机 8 台等	3.5

附录 2-5 2010 年全国淘汰落后产能目标任务完成情况

中华人民共和国工业和信息化部
国　家　能　源　局
公　告

2011 年　第 36 号

加快淘汰落后产能是转变经济发展方式、调整产业结构、提高经济增长质量和效益的重大举措，是加快节能减排、积极应对全球气候变化的迫切需要。各省（区、市）人民政府高度重视淘汰落后产能工作，认真贯彻落实《国务院关于进一步加强淘汰落后产能工作的通知》（国发[2010]7 号）精神，加强组织领导，落实政策措施，分解落实任务，加强监督考核，稳步推进淘汰落后产能工作。各省（区、市）对 2010 年淘汰落后产能企业组织了现场检查，出具了书面验收意见，对分解落实目标任务和完成目标任务情况进行了公告。淘汰落后产能工作部际协调小组对各省（区、市）目标任务完成情况进行了检查考核。

2010 年全国淘汰落后产能目标任务全面超额完成。根据检查考核情况，2010 年全国 18 个工业行业淘汰落后产能炼铁 4 100 万 t、炼钢 1 186 万 t、焦炭 2 533 万 t、铁合金 245.6 万 t、电石 115.3 万 t、电解铝 37.8 万 t、铜冶炼 24.7 万 t、铅冶炼 32 万 t、锌冶炼 29.6 万 t、水泥 14 031 万 t、平板玻璃 1 843.5 万重量箱、造纸 539.2 万 t、酒精 85.2 万 t、味精 23.4 万 t、柠檬酸 1.7 万 t、制革 1 576 万标张、印染 41.9 亿 m、化纤 68.3 万 t，涉及企业 2 349 户。淘汰电力落后产能 1 690 万 kW，涉及企业 225 户；煤炭落后产能 2.31 亿 t，关闭小煤矿 2 173 处。

现将 2010 年各省（区、市）淘汰落后产能目标任务完成情况予以公告，欢迎社会各界予以监督。

湖南、甘肃、青海、江西、福建等 5 省部门间淘汰落后产能工作协调配合机制仍需完善；广东、北京、山西、河南、江苏、云南等 6 省（市）29 户企业落后产能虽已按要求关停，但由于涉及职工安置、资产抵押、债权债务纠纷等问题，暂时尚未按要求彻底拆除。有关地方人民政府要加强监管，确保其不能再投入生产，条件成熟时立即组织拆除。

二〇一一年十月二十九日

2010 年全国味精淘汰落后产能目标任务完成情况表

单位：万 t

行业 地区	味精		
	下达量	完成量	完成率/%
山东	2.4	2.4	100
河南	16	16.1	101
广东	0.5	1	200
宁夏		3.9	
合 计	18.9	23.4	124

附录 2-6 2011 年全国各地区淘汰落后产能目标任务完成情况

中华人民共和国工业和信息化部
国 家 能 源 局
公 告

2012 年 第 62 号

按照《淘汰落后产能工作考核实施方案》(工信部联产业〔2011〕46 号)的要求，淘汰落后产能工作部际协调小组对全国各省(区、市)2011 年淘汰落后产能工作进行了检查考核。

现将目标任务完成情况予以公告，欢迎社会各界予以监督。

2011 年全国各地淘汰落后产能目标任务全面完成。全国共淘汰炼铁落后产能 3 192 万 t、炼钢 2 846 万 t、焦炭 2 006 万 t、铁合金 212.7 万 t、电石 151.9 万 t、电解铝 63.9 万 t、铜冶炼 42.5 万 t、铅冶炼 66.1 万 t、锌冶炼 33.8 万 t、水泥(熟料及磨机)15 497 万 t、平板玻璃 3 041 万重量箱、造纸 831.1 万 t、酒精 48.7 万 t、味精 8.4 万 t、柠檬酸 3.55 万 t、制革 488 万标张、印染 186 673 万 m、化纤 37.25 万 t、煤炭 4 870 万 t、电力 784 万 kW。

由于涉及职工安置、资产抵押、债权债务纠纷等问题，26 家企业落后产能主体设备虽已关停，但尚未按要求彻底拆除。有关地方人民政府要加强监管，明确责任，确保其不可恢复生产，同时制定作方案，条件成熟时立即组织拆除。

工业和信息化部
国家能源局
2012 年 12 月 17 日

2011 年全国味精淘汰落后产能目标任务完成情况表　　单位：万 t

行业	味精
地区	完成量
山东	4.2
河南	4.18
合 计	8.4

附录 2-7　2012 年全国淘汰落后产能目标任务完成情况

中华人民共和国工业和信息化部
国　家　能　源　局
公　告

2013 年　第 57 号

　　根据《国务院关于进一步加强淘汰落后产能工作的通知》（国发〔2010〕7 号）、《关于印发淘汰落后产能工作考核实施方案的通知》（工信部联产业〔2011〕46 号），淘汰落后产能工作部际协调小组对各省（区、市）及新疆生产建设兵团 2012 年淘汰落后产能工作进行了考核，现将目标任务完成情况予以公告，欢迎社会各界予以监督。

　　2012 年电力、煤炭、炼铁、炼钢等 21 个行业均完成了淘汰落后产能目标任务。全国共淘汰电力落后产能 551.2 万 kW、煤炭 4 355 万 t、炼铁 1 078 万 t、炼钢 937 万 t、焦炭 2 493 万 t、铁合金 326 万 t、电石 132 万 t、电解铝 27 万 t、铜（含再生铜）冶炼 75.8 万 t、铅（含再生铅）冶炼 134 万 t、锌（含再生锌）冶炼 32.9 万 t、水泥（熟料及粉磨能力）25 829 万 t、平板玻璃 5 856 万重量箱、造纸 1 057 万 t、酒精 73.5 万 t、味精 14.3 万 t、柠檬酸 7 万 t、制革 1 185 万标张、印染 325 809 万 m、化纤 25.7 万 t、铅蓄电池（极板及组装）2 971 万 kVA·h。

　　湖南省铅蓄电池行业、陕西省电力行业未完成 2012 年淘汰任务，其余地区均完成或超额完成年度任务。山西、辽宁、吉林、安徽、湖南、广东、海南、四川、重庆、贵州、云南、陕西等 12 省（市）及新疆生产建设兵团的 42 家企业，由于涉及职工安置、资产抵押、债权债务纠纷等问题，落后产能主体设备虽已关停，但尚未按要求彻底拆除。

　　按照《淘汰落后产能工作考核实施方案》要求，湖南、陕西两省人民政府，应在本公告发布后一个月内向工业和信息化部、能源局书面提出整改措施，限期整改。整改措施落实到位前，发展改革委、工业和信息化部、环境保护部、能源局等部门，严格控制国家安排的投资项目，对该地区未完成任务的行业，除涉及民生外，暂停项目审批。有关地方人民政府要加强对已关停但未彻底拆除落后设备企业的监管，制定工作方案，明确责任，确保不得恢复生产，直至彻底拆除。

工业和信息化部
国家能源局
2013 年 11 月 21 日

2012 年全国味精淘汰落后产能目标任务完成情况表

单位：万 t

行业	味精
地区	完成量
河南	11.3
江西	3
合 计	14.3

附录 2-8　2013 年全国淘汰落后产能目标任务完成情况

中华人民共和国工业和信息化部
国　家　能　源　局
公　告

2014 年　第 75 号

　　根据《国务院关于进一步加强淘汰落后产能工作的通知》（国发〔2010〕7 号）、《关于印发淘汰落后产能工作考核实施方案的通知》（工信部联产业〔2011〕46 号）要求，淘汰落后产能工作部际协调小组对各省（区、市）及新疆生产建设兵团 2013 年淘汰落后产能工作进行了考核，现将目标任务完成情况予以公告。

　　电力、煤炭、炼铁、炼钢等 21 个行业均完成了 2013 年淘汰落后产能目标任务。全国共淘汰电力落后产能 544 万 kW、煤炭 14 578 万 t、炼铁 618 万 t、炼钢 884 万 t、焦炭 2 400 万 t、铁合金 210 万 t、电石 118 万 t、电解铝 27 万 t、铜（含再生铜）冶炼 86 万 t、铅（含再生铅）冶炼 96 万 t、锌（含再生锌）冶炼 19 万 t、水泥（熟料及粉磨能力）10 578 万 t、平板玻璃 2 800 万重量箱、造纸 831 万 t、酒精 34 万 t、味精 29 万 t、柠檬酸 7 万 t、制革 916 万标张、印染 32.2 亿 m、化纤 55 万 t、铅蓄电池（极板及组装）2 840 万 kVA·h。

　　湖北省铅蓄电池行业和黑龙江、云南、甘肃 3 省煤炭行业，未完成 2013 年淘汰落后产能任务，其余地区均完成或超额完成年度任务。湖南、山西、四川、宁夏、上海 5 省（区、市）的 15 家企业，由于涉及职工安置、资产抵押、债权债务纠纷等问题，落后设备（生产线）虽已关停，但尚未按要求彻底拆除。

　　此外，部际协调小组第五次会议对湖南省 2012 年整改落实情况进行了通报；陕西省关停了华能陕西秦岭发电有限公司 4 号机组，完成了 2012 年整改任务。

　　按照《淘汰落后产能工作考核实施方案》要求，湖北、黑龙江、云南、甘肃省人民政府，应在本公告发布后一个月内向工业和信息化部、国家能源局提出书面整改措施，限期整改。整改措施落实到位前，发展改革委、工业和信息化部、国土资源部、环境保护部、能源局等部门严格控制该地区国家安排的投资项目。有关地方人民政府要加强对已关停但未彻底拆除落后设备企业的监管，制订工作方案，明确责任，直至落后设备彻底拆除。

工业和信息化部

国家能源局

2014 年 11 月 13 日

2013 年全国味精淘汰落后产能目标任务完成情况表

单位：万 t

行业	味精
地区	完成量
山东	13
河南	11.5
宁夏	4
合计	29

附录 3 实施清洁生产审核并通过评估验收的重点企业名单（共 5 批）

附录 3-1 实施清洁生产审核并通过评估验收的重点企业名单（第 1 批）

实施清洁生产审核并通过评估验收的重点企业名单（第 1 批）

环境保护部公告 2010 年 第 62 号

编号	企业名称	所属行业	主要产品及年产量	所属地区	地址	名单公布时间	提交审核报告时间	完成评估时间	完成验收时间	审核咨询机构名称
100105000112	沈阳红梅味精有限公司	食品制造	味精 5 万 t	辽宁省沈阳市铁西区	沈阳市铁西区卫工北街 44 号	2007	2008	2008	2009	辽宁大学兴科中小企业服务中心
100110000050	江苏天香集团有限公司	食品制造	味精 5.8 万 t	江苏省常州市武进区	武进区漕桥镇杨桥所	2006	2007	2007	2007	常州市环保研究所

编号	企业名称	所属行业	主要产品及年产量	所属地区	地址	名单公布时间	提交审核报告时间	完成评估时间	完成验收时间	审核咨询机构名称
100111000401	浙江蜜蜂集团有限公司	食品制造	味精 3.1 万 t	浙江省金华市义乌市	义乌市佛堂镇佛稠路 518 号	2005	2006		2007	浙江省清洁生产中心
100113000032	福建省简阳武夷味精有限公司	食品制造	味精 3.6 万 t	福建省南平市建阳市	福建省建阳市水东工业区	2006	2008		2008	福建省环科院清洁生产中心
100115000049	山东三九味精有限公司	食品制造	味精 5 万 t	山东省聊城市茌平县	茌平县	2007	2007		2008	山东省国联环境保护对外合作中心
100115000055	山东信乐味精有限公司	农副食品加工	淀粉 20 万 t，味精 5 万 t，复合肥 12 t	山东省聊城市茌平县	山东茌平信发工业园		2007		2007	山东省国联环境保护对外合作中心

附录 3-2 实施清洁生产审核并通过评估验收的重点企业名单（第 2 批）

实施清洁生产审核并通过评估验收的重点企业名单（第 2 批）

环境保护部公告 2010 年 第 89 号

编号	企业名称	所属行业	主要产品及年产量	所属地区	地址	名单公布时间	提交审核报告时间	完成评估时间	完成验收时间	审核咨询机构名称
100213000128	福建省沙县怀丹实业有限公司	农副食品加工	谷氨酸1.5万t、L-赖氨酸盐3 000 t	福建省三明市沙县	沙县洋坊食品科技工业园区		2006	2007		福建省环科院清洁生产中心
100213000129	福建省麦丹生物集团有限公司	农副食品加工	赖氨酸2 400 t、味精9 000 t、将有562 t、饲料蛋白4 000 t	福建省三明市沙县	三明市沙县三明高新技术园区		2006	2007		福建省环科院清洁生产中心
100215000239	菱花集团有限公司	食品制造	味精8万t	山东省济宁市开发区	济宁开发区柳行办事处	2005	2005		2006	山东大学
100215000297	山东齐鲁味精食品集团有限公司	食品制造	味精20万t、淀粉40万t	山东省聊城市茌平县	茌平齐鲁味精生态工业园	2009	2010		2010	山东省固联环境保护对外合作中心
100216000234	莲花味精股份有限公司	食品制造	味精2.329万t	河南省周口市项城市	河南省项城市莲花大道18号	2005	2006		2006	自行开展
100219000060	广州奥桑味精食品有限公司	食品制造	味精5.28万t	广东省广州市珠海区	广州市海珠区南石头南兴村	2005	2006	2007		广东省环境保护协会

附录 3-3 实施清洁生产审核并通过评估验收的重点企业名单（第 3 批）

实施清洁生产审核并通过评估验收的重点企业名单（第 3 批）

环境保护部公告 2011 年 第 52 号

编号	企业名称	所属行业	主要产品及年产量	所属地区	地址	名单公布时间	提交审核报告时间	完成评估时间	完成验收时间	审核咨询机构名称
110103000258	河北省梅花味精集团有限公司（现更名为梅花生物科技集团股份有限公司）	轻工	味精 10 万 t	河北省廊坊市霸州市	霸州市东段经济技术开发区	2007	2007		2008	河北众德环保科技有限公司
110105000071	通辽市梅花生物科技有限公司	轻工	味精 20 万 t	内蒙古通辽市科尔沁区	科尔沁区工业园区	2005	2006		2007	通辽市节能监察中心
110115000655	山东雪花生物化工股份有限公司	轻工	谷氨酸 11.6 万 t，复合肥 15 万 t	山东省济宁市济宁高新区	济宁高新区王因镇	2009	2010		2010	山东鲁华环境保护研究所

附录 3-4 实施清洁生产审核并通过评估验收的重点企业名单（第 4 批）

实施清洁生产审核并通过评估验收的重点企业名单（第 4 批）

环境保护部公告 2011 年 第 94 号

编号	企业名称	所属行业	主要产品及年产量	所属地区	地址	名单公布时间	提交审核报告时间	完成评估时间	完成验收时间	审核咨询机构名称
110205000072	内蒙古阜丰生物科技有限公司	轻工	谷氨酸 20 万 t，味精 10 万 t，淀粉 66 万 t，结晶葡萄糖 15 万 t，复混肥 22 万 t，黄原胶 2 万 t	内蒙古呼和浩特市金川开发区	呼和浩特市金川开发区南区	2008	2011		2011	呼和浩特市清洁生产审核中心
110208000070	环林格格宇粮食开发有限公司	化学原料及化学制品制造、轻工	商品淀粉 42 889 t，蛋白饲料 23 631 t，谷氨酸 53 753 t，复合肥 53 834 t	黑龙江省绥化市明水县	绥化市明水县城西郊	2010	2011	2011		哈尔滨天健环境工程技术有限公司
110210001440	苏州合兴味精有限公司	味精制造	味精 2 万 t	江苏省苏州市吴江市	吴江经济开发区	2007	2008		2008	吴江绿源清洁生产咨询中心
110230000018	宁夏伊品生物科技股份有限公司	味精制造	谷氨酸六万 t，赖氨酸 13.5 万 t，苏氨酸 1.5 万 t	宁夏自治区银川区	银川市永宁县		2011	2011		中国轻工业清洁生产中心

附录 3-5　实施清洁生产审核并通过评估验收的重点企业名单（第 5 批）

实施清洁生产审核并通过评估验收的重点企业名单（第 5 批）

环境保护部公告 2012 年　第 57 号

编号	企业名称	所属行业	主要产品及年产量	所属地区	地址	名单公布时间	提交审核报告时间	完成评估时间	完成验收时间	审核咨询机构名称
120108000132	哈尔滨菊花生物科技有限公司	发酵	谷氨酸 13 152.9 t，纤维 3 233.7 t，蛋白粉 1 727.5 t，胚芽 2 380.9 t	黑龙江省哈尔滨市	哈尔滨双城经济技术开发区	2011	2012	2012		哈尔滨天健环境工程技术有限公司
120108000153	黑龙江成福食品集团有限公司	轻工	味精 45 000 t，淀粉 740 521 t，纤维 9 801 t，胚芽 5 990 t，蛋白粉 4 356 t，复合肥 46 850 t	黑龙江省绥化市	肇东市经济开发区	2009	2010	2012		黑龙江省环境保护对外合作中心
120110002652	江苏省奥奥生化有限公司	食品制造业	味精 4 800 t，黄霉素 384 t	江苏省南通市港闸区	南通市越江路 98 号	2005	2005	2005	2005	自行开展

编号	企业名称	所属行业	主要产品及年产量	所属地区	地址	名单公布时间	提交审核报告时间	完成评估时间	完成验收时间	审核咨询机构名称
120111003157	宁波莱克调味品有限公司	轻工	味精 2 万 t	浙江省宁波市奉化市	东郊开发区	2009	2009	2009	2009	宁波华研节能环保安全设计研究有限公司
120116000417	河南莲花味精股份有限公司	食品加工	味精 20 万 t，淀粉 8 500 t	河南省周口市	河南省项城市		2011	2011	2011	河南省中原环境保护服务有限公司
120119000296	珠海益力集团有限公司	轻工	味精 34 911 t	广东省珠海市	珠海市斗门区白蕉镇桥湖南路 248 号	自愿审核	2009		2009	广州省环境保护职业技术学校
120123000122	四川天味食品股份有限公司	调味品、发酵制品制造	火锅系类调味品 18 000 t，川味调味品系列 12 000 t，鸡精（含味精）3 500 t	四川省成都市双流县	四川省成都市双流县西南航港工业集中区黄甲大道三段	2012	2011	2011		四川环境科技工程有限责任公司

附表 4　味精行业清洁生产相关技术指导文件

附表 4-1　《国家重点行业清洁生产技术导向目录》（第一批）

编号	技术名称	适用范围	主要内容	投资及效益分析
			冶金行业	
1	干熄焦技术	焦化企业	干法熄焦是用循环惰性气体做热载体，由循环风机将冷的循环气体输入到红焦室冷却，高温焦炭至 250℃以下排出。吸收焦炭显热后的循环气体热气导入废热锅炉回收热量产生蒸汽。循环气体经冷却、除尘后经热风机返回冷却室，如此循环冷却红焦	按 100×10⁴ t/a 焦计，投资 2.4 亿元人民币，回收期（在湿法熄焦基础上增加的投资）6～8 年。建成后可产蒸汽（按压力为 4.6 MPa）5.9×10⁵ t/a。此外，干法熄焦还提高了焦炭质量，其抗碎强度 M₄₀ 抽调 3%～8%，耐磨强度 M₁₀ 提高 0.3%～0.8%，焦炭反应性和反应后强度也有不同程度的改善。由于干法熄焦干密闭系统内完成熄焦过程，湿法熄焦过程中排放的酚、HCN、H₂S、NH₃ 基本消除，减少焦尘排放，节省熄焦用水
2	高炉富氧喷煤工艺	炼铁高炉	高炉富氧喷煤工艺是通过在高炉冶炼过程中喷入大量的煤粉并结合适量的富氧，达到节能降焦、提高产量，降低生产成本和减少污染的目的。目前，该工艺的正常喷煤量为 200 kg/t-Fe，最大能力可达 250 kg/t-Fe 以上	经济效益以日产量 9 500 t 铁（年产量为 346 万 t 铁）计算，喷煤比为 120 kg/t-Fe 时，年经济效益为 200 kg/t-Fe 时，该工艺的正常喷煤量为 6 160 万元

编号	技术名称	适用范围	主要内容	投资及效益分析
3	小球团烧结技术	大、中、小型烧结厂的老厂改造和新设新设	通过改变混合机工艺参数，延长混合料在混合机内的有效滚动距离，加雾化水，加布料刮刀等，使烧结混合料制成 3 mm 以上的小球大于 75%，通过蒸汽预热，燃料分加，偏析布料，提高料层厚度等方法，实现厚料层，低温、匀温、高氧化性的烧结矿，上下层烧结矿质量、气氛烧结。通过这种方法烧出的烧结矿，上下层烧结矿质量均匀。烧结矿强度高，还原性好	以 1 台 90 m² 烧结机的改造和配套计算，总投资约 380 万元，投资回收期 0.5 年，年直接经济效益 895 万元。使用该技术还可减少燃料消耗，废气排放量及粉尘排入量；提高烧结质量和产量。同时可较大幅度降低烧结矿质量和降低炼铁工序能耗，提高烧结铁工序能耗，促进炼铁工艺技术进步
4	烧结环冷机余热回收技术	大、中型烧结机	通过对现有的冶金企业烧结厂烧结冷却机用合车罩子，溶炉斗、冷却风机等进行技术改造，再配套除尘器，余热锅炉、循环风机等余热风机等设备，可充分回收烧结矿冷却过程中释放的大理余热，将其转化为饱和蒸汽，供用户使用。同时除尘器所捕集的烟尘，可返回烧结利用	按照烧结厂烧结机 90 m²×2 估算投资，需 4 000 万元～5 000 万元人民币。烧结环冷机余热得到回收利用，实际平均蒸汽产量 16.5 t/h；当废气经过配套气闭路循环，当废气经过配套气除尘器时，可将其中的烟尘（主要是烧结矿粉）捕集回收，又回收了原料，烧结矿粉回收量 336kg/h
5	烧结机头烟尘净化电除尘净化技术	24～450 m² 各种规格烧结机机头烟尘净化	电除尘器是用高压直流电在阴阳两极间造成一个足以使气体电离的电场，气体电离产生大量的阴阳离子，使通过电场的粉尘获得相同的电荷，然后沉积于与其极性相反的电极上，以达到除尘的目的	以将原 4 台 75 m³ 烧结机的多管除尘器改为 4 台 104 m² 三电场电除尘器为例，总投资 1 100 万元，回收期 15 年，年直接经济效益 255 万元，年创净效益 71 万元。同时烧结机头烟尘达标排放，年减少烟尘排放 6 273 t
6	焦炉煤气 H.P.F 法脱硫脱氰净化技术	煤气的脱硫脱氰净化	焦炉煤气脱硫脱氰氧有多种工艺，近年来国内自行开发了以氨为碱源的 H.P.F 法脱硫新工艺。H.P.F 法是在 H.P.F（醌钴铁类）复合型催化剂作用下，H_2S、HCN 先在氨介质作用下溶解、吸收，然后在催化剂作用下释硫化合物等极湿式氨硫酸盐等，催化剂则在空气氧化过程中再生。最终，H_2S 以元素硫形式、HCN 以硫氰酸盐形式被除去	按处理 30 000 m³/h 煤气量计算，总投资约 2 200 万元，其中工程费约 1 770 万元。主要设备寿命约 20 年。同时每年从煤气中（按含 H_2S 6 g/m³ 计）除去 H_2S 约 1 570 t，减少 SO_2 排放量约 2 965 t/a，并从 H_2S 有害气体中回收硫磺，每年约 740 t。此外，由于采用了洗氨前煤气脱硫，此工艺与不脱硫的硫铵终冷工艺相比，可减少污水排放量，按相同规模可节省污水处理费用约 200 万元/a

编号	技术名称	适用范围	主要内容	投资及效益分析
7	石灰窑废气回收利用液态二氧化碳	石灰窑废气二氧化碳回收利用	以石灰窑窑顶排放出来的含有35%左右CO₂的窑气为原料，经除尘和洗涤后，采用"BV"法，将窑气中的二氧化碳分离出来，得到高纯度的食品级的二氧化碳气体，并压缩成液体装瓶	以5 000 t/a液态CO₂规模计，总投资约1 960万元，投资回收期为7.5年，净效益160万元/a。同时每年可减少外排CO₂5 000 t，减少外排粉尘600 t，环境效益显著
8	尾矿再生产铁精矿	磁选厂尾矿资源的回收利用	利用磁选厂排出的废弃尾矿为原料，经磨矿-单体充分解离，再经磁选及磁力过滤得到合格的铁精矿，供高炉冶炼	按照处理尾矿量160万t/a，生产铁精矿4万t/a(铁品位65%以上)的规模计算，总投资约630万元，投资回收期1年，年净经济效益680万元，减少尾矿排放量4万t/a，具有显著的经济效益和环境效益，也有助于生态保护
9	高炉煤气布袋除尘技术	中小型高炉煤气的净化	高炉煤气布袋除尘是利用玻璃纤维具有较高的耐温性能（最高300℃），以及玻璃纤维滤袋具有筛滤、拦截等效应，能将粉尘阻留在滤袋壁上，同时稳定形成的一次压降，得到高效净化，也有滤尘作用，从而使高炉煤气通过净化得到供高质量煤气给用户使用	以300 m³级高炉为例，总投资约600万元，其中投资回收期2年，直接经济效益300万元/a，净效益270万元/a。减少煤气洗涤污水排放300万~400万 m³/a，主要污染物排放量200 t/a。节约循环水300万~400万 m³/a，节电80万~100万 kW·h/a，节约冶金焦炭1 500 t/a，高炉增产3 000 t/a
10	LT法转炉煤气净化与回收技术	大型氧气转炉炼钢厂	转炉吹炼时，产生含有高浓度CO和烟尘的转炉煤气（烟气）。为了回收利用高热值的转炉煤气，须对其进行净化。首先将转炉煤气经过废气冷却系统，然后进入蒸发冷却器，喷水蒸发使烟气得到冷却，使其烟气中的粉尘沉降下来，此后将烟气导入设有四个电场的静电除尘器，在电场作用下，使得粉尘和雾状颗粒吸附在收尘极板上，这样得到精净化。当高温合煤气回收条件开启，高温净煤气进入合煤气储柜，高温喷淋降温约73℃而后将高洁净度的转炉煤气加压后进入煤气机加压侧将高洁净度的转炉煤气（含尘10 mg/m³）提供给用户使用	以年产300万t炼钢为例，如按回收系统计算，LT废气冷却系统，相当于10 kg/t-s（标准煤），蒸汽平均90 kg/t-s（标准煤），年回收标准煤3万t。LT煤气净化系统，相当于23 kg/t-s（标准煤），回收煤气量75~90m³/t-s（标准煤），年回收煤气折算标准煤7万t。每年回收总二次能源（折算标准煤）10万t

编号	技术名称	适用范围	主要内容	投资及效益分析
11	LT法转炉粉尘热压块技术	与LT法转炉煤气净化回收技术配套	粉尘在充氮气保护下，经输送和储存，将收集的粉尘按粗、细粉尘以 0.67∶1 的配比混合，加入间接加热的回转窑内进行氮气保护加热。当粉尘被加热至 580℃时，即可输入辊式压块机，在高温、高压下压制成 45 mm×35 mm×25 mm 成品块。约 500℃的成品块经冷却输送至~80℃，成品块温度降至~80℃，链在机力抽风冷却下，装入成品仓内。定期用汽车运往炼钢厂重新入炉冶炼	LT 系统年回收含铁高的粉尘 16 kg/t-s×3 000 000 t/a = 48 000 t/a，可以全部压制成块（45 mm×35 mm×25 mm）用于炼钢
12	轧钢氧化铁皮生产还原铁粉技术	适用大中型轧钢厂（低碳、低合金钢轧制过程）产生的氧化铁皮，也可用于高品位铁精矿、铁砂等含铁资源的综合利用	采用隧道窑用固体碳还原法生产还原铁粉。主要工序有：还原、破碎、筛分、磁选。铁皮中的氧化铁在高温下逐步被碳还原，而碳则气化成 CO。通过二次精还原提高铁海绵铁粉的总铁含量，降低 O、C、S 含量，消除海绵铁粉破碎时所产生的加工硬化，从而改善铁粉的工艺性能	按年产 12 000 t 还原铁粉计算，总投资约 10 600 万元，投资回收期 5 年。净效益 2 190 万元/a。按此规模每年可综合利用 20 000 t 轧钢氧化铁皮
13	锅炉全部燃烧高炉煤气技术	一切具有富裕高炉煤气的冶金企业	冶金高炉煤气含有一定量的 CO，煤气热值约 3 100 kJ/m³。除用于钢铁厂炉窑的燃料外，余下煤气可供锅炉燃烧。由于钢炉一般是缓冲用户，煤气参数不稳定，长期以来仅为小比例掺烧，多余煤气排入大气，这样既浪费了能源又污染了大气环境。当采用稳定煤气压力且对锅炉本体作进行改造等措施实施后，可实现高炉煤气的全部利用，并可以确保锅炉安全运行	与新建燃煤锅炉房相比，全烧高炉煤气锅炉房由于没有上煤、除灰设施，投资省，运行费用低等优点。以一台 75 t/h 全烧高炉煤气锅炉为例，年燃用高炉煤气 583×10⁶ m³，节约标准煤 5.2 万 t/a，仅此一项，年节约能源 5.2 万 t 标准煤，减少向大气排放 CO 134×10⁶ m³/a，具有明显的经济效益和环境效益

编号	技术名称	适用范围	主要内容	投资及效益分析
			石油化工行业	
14	含硫污水汽提氨精制	炼油行业含硫污水汽提装置	从汽提塔的侧线抽出的富氨气，经逐级降温、降压、高温分水，低温固硫三级分凝器，反应获得粗氨气，粗氨气进入冷却结晶器，获得含有少量 H_2S 的精氨气，再使其进入一步脱硫，氨气得到进一步脱硫，进入固定在脱硫剂罐内的空脱硫剂罐，氨气经氨压缩机压缩和压缩的氨气，经两段脱硫和压缩的氨气，冷却成为产品液氨外销或厂内用	以 100 t/h 加工能力的含硫污水汽提装置计算，总投资为 1 506 万元。每年回收污水中氨近于液氨，回收的液氨纯度高，可外销，也可内部使用，从而节约大量资金。污水汽提净化水中大量的 H_2S、氨氮的含量大幅降低，减少了对污水处理场总排放口合格率保持 100%。污水处理装置运行以后，厂区的大气环境得到了明显改善，不再被恶臭气味困扰
15	淤浆法聚乙烯母液直接进蒸馏塔	淤浆法聚乙烯生产工艺	原来母液经离心机分离后通过泵将母液送至蒸馏塔中，再从蒸馏塔打进汽提塔，将母液中的低聚物已沉分离。现改为母液直接进塔，这样则可以使母液的温度不会下降，从而达到了节能的效果；同时也可以防止低聚物析出沉淀在蒸馏塔内，减轻大检修时的清理工作。更主要的是母液直接进塔可增加汽提塔的处理能力，负荷可提高 5 t 以上，从而确保生产的正常运行	技术改造属中小型，总投资仅 4 万元，全年运行总节省资金达 142 万元，减少清理费 2 万元，同时减少因清理造成的环境污染，储罐和管线造成的环境污染，生产装置的安全也得到了保证
16	含硫污水汽提装置的除氨技术	非加氢型含硫污水汽提装置	解决了汽提后净化水中残存 NH_3-N 的形态分析方法，建立了相应分析方法，根据分析获得的固定铵含量，采用注入等当量的强碱性物质进行汽提，并经过精确的理论计算，以确定最佳注入塔盘的位置。经工业应用，可有效地将 NH_3-N 脱除至 $15 \times 10^{-6} \sim 30 \times 10^{-6}$	80 t/h 汽提装置需增加一次性投资约 60 万元。注碱后成本增加及设备折旧每年需 54 万元，注碱后通过增加回收液和节约软化水等，经济效益约 97 万元。由于废水的回用，每年污水处理场少处理废水 36 万元，节约 108 万元，同时由于 NH_3-N 达标，可节省新鲜水的回用，节约新鲜水约污水处理场技术改造一次性投资上千万元

编号	技术名称	适用范围	主要内容	投资及效益分析
17	汽提净化水回用	石油炼制	含硫污水净化后可以代替新鲜水使用，通过原油的抽提作用可以减少污染物排放总量，其中酚去除率 85%以上，COD 去除率约 60%。二次加工装置的部分净化水也可以用净化水代替，这些工艺注水变成含硫污水回用到污水汽提装置，形成闭路循环	以每小时回用 30 t 含硫污水为例，净化水回用管网系统投资 70 万元，投资回收期 8 个月，经济效益 198.4 万元，减少废水排放量 36 万 t/a，减少 COD 排放量 54 t/a
18	成品油罐三次自动切水	油品储罐	利用连通器原理和油和水之间的密度差，有效地分离成品油中的水和切水中的油，并自动将回收的成品油送回成品油罐	以 10 t/h 储罐为例，总投资 37 万元，半年时间可回收投资，环境、经济、社会效益显著
19	火炬气回收利用技术	石油炼制	在火炬顶部安装两种高空点火装置，利用电焊发弧装置，产生面状电弧火源，两种装置交替或同时工作，保证安全可靠。利用 PCC 和微机全线自动监控，对点火过程、水封罐、各种气体流量自动调节，并自动记录系统动作	全国石化生产企业现有火炬 130 支，年排放可燃气体约 100 万~150 万 t，全部回收利用可达 10 亿~15 亿元/a。目前经治理可回收利用 80%的资源，投资回收期 0.5~0.8 年
20	含硫污水汽提装置扩能改造	石油化工等含硫含氨污水预处理	对含硫污水提塔中 LPC-1 （100X） 高效陶瓷规整填料及 18-8 不锈钢阶梯环进行了通量、传质和压降性能的测试，其特点为：在老塔塔体不变的情况下，更换填料可使处理量提高 70%以上；传质效果好，分离效率高，提高了净化水的质量；压降低，可降低装置能耗；操作弹性大，处理量变化时，只需要相应调整汽蒸汽用量即可保证净化水合格	以处理能力由 28 万 t/a 提高到 48 万 t/a 计算，总投资 665 万元（包括机系、仪表、填料、除油器等）。改造后处理能力才大到 60 t/h 以上，能耗下降，每年节约 184 万元，投资回收期约 3.6 年。改造后净化水质量提高，H_2S 在改造后净化水质达期约 50 mg/L 以下，NH_3-N 为 50~150 mg/L，净化水回注率 25%~30%，降低了下游污水处理的费用

编号	技术名称	适用范围	主要内容	投资及效益分析
21	延迟焦化冷焦处理炼油厂生产焦的"三泥"延迟焦化装置	燃料型炼油厂污水处理产生的"三泥"与生产石油焦的延迟焦化装置	利用延迟焦化装置正常生产切换生成焦炭后，焦炭塔内焦炭的热量将"三泥"中的水分经焦油汽化，大于 350℃可的重质油焦化，并利用焦炭层汽化泡沫层的吸附作用，将"三泥"中的固体部分吸附，蒸发出来的水分、油气在空塔，经分离后，冷却后，污水排向含硫污水汽提装置进行净化处理，油品进行回收利用	以 10.25 t/塔计算，总投资 30 万元左右，净利润 80 万元/a，投资回收期 0.37 年。使用该技术每年可回收油品 816 t，节省用于"三泥"处理的设备投资和运行费用，防止由此而引起的二次污染，经济效益、环境效益和社会效益和社会效益显著
22	合建池螺旋鼓风曝气技术	大、中、小炼油（燃料油、润滑油、化工型）厂	空气从底部进入，气泡旋转上升并径向混合，反向旋转，使气泡多次被切割，直径变小，气液激烈掺混，接触面增大，以利于氧的转移。在曝气器中因气水混合液的密度较大的水向曝气器周围的水向曝气器器入口处上升流速，使曝气器周围的水向曝气器入口处上升流速，形成较大的水循环，有利于曝气器的提升，混合、充氧等	以 800～1 000 t/h 污水处理能力计算，气液比 800～1 000 t/h 污水处理能力计算，总投资 80 万～120 万元，主要以 800～1 000 t/h 污水处理设备寿命 15～20 年。具有操作人员少，节电、维修费用小，处理效果好、排水合格率高等优点，总计每年可节省费用 40 万～80 万元
23	PTA（精对苯二甲酸装置）母	PTA 装置液冷却技术	利用空气鼓风机与特殊结构的喷嘴使物料喷雾，并利用空气进行逆向接触冷却物料，利用新型塔板的不同排列实现了固体物料的防堵和良好的冷却效果，并成功地设计了在线清堵流程，实现了不停车即可清除物料	35 万 t/aPTA 装置的母液冷却装置，总投资约 355 万元。因没有铜冼，吨氨节约物耗（铜）1 万 t。因没有铜冼，吨氨节约物耗（铜）1 万 t。污水温度可降到 45℃，经济效益 87 万元/a。污水温度可降到 45℃，保护了污水处理中分解分离菌，有利于污水的处理

化工行业

编号	技术名称	适用范围	主要内容	投资及效益分析
24	合成氨原料气净化精制技术——双甲新工艺	大、中、小型合成氨厂	此工艺是合成氨生产中一项新的净化技术，是在合成氨生产工艺中，利用原料气中 CO、CO_2 与 H_2 合成，生成甲醇或甲基混合物。流程中将甲烷化和甲醇化串接起来，把甲醇化、甲烷化原料气的净化精制手段，既减少了有效氢作为原料气的净化精制手段，又副产甲醇，达到变废为宝	以年产 5 万 t 氨、醇计。总投资 300 万～500 万元，投副产 1 万 t 甲醇回收期 2～3 年。因没有铜洗，吨氨节约物耗（铜）6.5 t 等，节约蒸汽 30 元，节约氨耗 14 元，副产甲醇，按氨醇经 5∶1 计算，每万吨合成氨可节约 74 万元；副产甲醇，按氨醇经 5∶1 计算，1 万 t 氨副产 2 000 t 甲醇，利润 40 万～100 万元，年产 5 万 t 的合成氨装置可获得经济效益 570 万～870 万元

编号	技术名称	适用范围	主要内容	投资及效益分析
25	合成氨气体净化新工艺——NHD技术	各种工艺气体的净化，特别是以煤为原料的硫化氢、二氧化碳含量高的氨合成气、甲醇合成气和羰基合成气的净化	NHD溶剂是国内新开发的一种高效优质的气体净化剂，其有效成分为聚乙二醇二甲醚的混合物，是一种有机溶剂，对天然气、合成气等气体中的酸性气（硫化氢、二氧化碳等）具有较强的选择吸收能力。该溶剂脱除酸性气采用物理吸收、物理再生工艺，能使净化气中的酸性气达到生产合成氨、甲醇、制氢等的工艺要求	以年产40 000 t合成氨计，改造总投资（由碳丙工艺改造含基建投资、设备投资等）约80万元，投资回收期0.31年。新建总投资（基建投资、设备投资等）约400万元，投资回收期0.89年。应用此项技术的企业年经济效益均在200万元以上
26	天然气换热式转化造气新工艺及换热式转化炉	以天然气、炼厂气、甲烷气等为原料，生产合成气及甲醇的原料气的造气生产装置。也适用于小氮肥装置的技术改造和技术革新	该工艺是将加压蒸汽转化的方箱式一段炉改为换热式转化炉，一段转化所需的反应热由二段转化炉出高温气体提供，不再由烧原料气来提供。由于二段高温转化气的可用热量是有限的，不能满足一段炉的需要，又受氢碳比所限，因此在二段炉中必需加入富氧空气（或纯氧）	按照装置设计能力为年产15 000 t合成氨规模的组合造气计算，项目总投资1 300万元，投资利润率约9%，投资利税率约20%。本技术节能方面资利税率约10%，投资收益率约20%，投资大大增强小，产品竞争能力有较大的突破，这将大大增强小，产品竞争能力
27	水煤浆加压气化制合成气	以煤化工为原料气的行业	德士古煤气化炉是高浓度水煤浆（煤浓度达70%）进料，液态排渣的加压纯氧气流床气化炉，可直接获得经含量很低（含CH₄低于0.1%）的原料气，适合于合成氨、合成甲醇等使用	年产30万t合成氨、52万t尿素装置以及辅助装置约需30.5亿元，投资回收期12年，主要设备使用寿命为15～20年
28	磷酸生产废水封闭循环水利用技术	料浆法3万t/a磷铵装置；二水法1.5万t/a H₃PO₄（以P₂O₅计）装置	二水法磷酸生产中的含氟含磷污水，经多次串联利用后，进入盘式过滤机冲洗滤盘、盘磷石膏污水。冲滤污水经过二级沉降，分离出大颗粒和细颗粒。二级沉降的底流返进入稠浆槽作为二水法磷酸。清液作为盘式过滤机冲洗水利用，实现冲洗污水的封闭循环	1.5万t/a H₃PO₄（以P₂O₅计）装置总投资为54万元，投资回收期1年。同收污水中可溶性P₂O₅，污水回用后节水效益和节省排污费每年达63万元

编号	技术名称	适用范围	主要内容	投资及效益分析
29	磷石膏制硫酸联产水泥	磷肥行业	磷石膏是磷铵生产过程中的废渣，用磷石膏、焦炭及辅助材料按照配比制成生料，在回转窑内发生分解反应。生成的氧化钙与物料中的二氧化硅、三氧化二铝、三氧化二铁等发生矿化反应形成水泥熟料。含7%~8%二氧化硫的窑气经除尘、净化、干燥、转化、吸收等过程制得硫酸	年产15万t磷铵、20万t硫酸、30万t水泥的装置总投资95 975万元，每年可实现销售收入84 000万元，利税22 216万元，投资回收期4.32年。每年能吃掉60万废渣，节约维存占地费300万元，节约水泥生产所用石灰石开采费10 500万元和硫酸生产所需的硫酸铁矿开采费16 000万元。从根本上解决了石膏污染地表水和地下水的问题
30	利用硫酸生产中产生的高、中温余热发电	适用于硫酸生产行业	利用硫铁矿沸腾炉气高温（900℃）余热及SO_2转化成SO_3后放出的中温（200℃）余热生产中压过热蒸汽，配套汽轮发电机发电。蒸汽量达到0.9 t/t酸，蒸汽消耗指标为5.94 kg/kW·h。汽轮机采用凝结式汽机，冷凝水可回收利用	新建300kW机组，总投资680万元，年创利税190万元。年均可节约6 000 t标准煤；减排SO_2 192 t，CO 8 t，NO_x 54 t，经济效益、环境效益显著
31	气相催化法联产三氯乙烯、四氯乙烯，改造5 000 t/a以上三氯乙烯装置	该技术应用于有机化工生产，适用于改造5 000 t/a以上三氯乙烯装置	将乙炔、三氯乙烯分别经氯化生成四氯乙烷或五氯乙烷，二者混合后经气化进入四氯乙烯合成反应器。反应产物在解吸塔除去HCl后，四氯乙烯。经多塔分离，导入分离系统，分出精三氯乙烯和精四氯乙烯。未反应的物料返回脱除HCl反应器，循环使用。精三氯乙烯部分送稳定剂塔生成五氯乙烷，部分经处理加入稳定剂作为产品。精四氯乙烯经处理加入稳定剂，即为成品	以1万t/a（三氯乙烯5 000，四氯乙烯5 000 t）计，总投资3 000万元，投资回收期2~3年。新工艺比皂化法工艺成本降低约10%，新增利税每年800万~1 000万元，同时彻底消除了皂化工艺造成的污染，改善了环境
32	利用蒸氨废液生产氯化钙和氯化钠	纯碱生产	氨碱法生产纯碱后的蒸氨废液中含有大量的$CaCl_2$和NaCl，其溶解度随温度变化而变化，经多次蒸发将$CaCl_2$和NaCl分离，制成产品	按照NaCl、$CaCl_2$年产量分别为13 000 t和28 000 t计算，年经济效益为1 551万元和3 477万元，合计5 028万元

编号	技术名称	适用范围	主要内容	投资及效益分析
33	蒽醌法固定床钯触媒制过氧化氢	化肥、氯碱化工、石化等具有副产氢气的行业	该技术以 2-乙基蒽醌为载体，与重芳烃等混合溶剂一起配制成工作液。将工作液通入一装有钯触媒的氢化塔内，进行氢化反应，得到相应的 2-乙基氢蒽醌。2-乙基氢蒽醌再被空气中的氧氧化恢复成原来的 2-乙基蒽醌，同时生成过氧化氢。利用过氧化氢和水的密度差，用水萃取含有过氧化氢的工作液得到过氧化氢的水溶液。后者再经净化处理、浓缩等，得到不同浓度的过氧化氢产品	年产 10 000 t 27.5%的 H₂O₂，总投资约 3 000 万元；投资回收期 3 年左右。该技术具有明显的经济效益，按上述生产规模计算，每年可获得税后利润 500 万元左右。由于该技术中采用以污治污技术，环境效益明显
			轻工行业	
34	碱法/硫酸盐法制浆黑液碱回收	适用于碱法/硫酸盐法蒸煮工艺，对所产生的黑液进行碱及热能回收，并大幅度降低污染	碱回收主要包括黑液的提取、蒸发、燃烧、苛化等工段。提取：要求提取率高，浓度高，温度高。蒸发：提取的稀黑液需进入蒸发工段浓缩，使黑液固形物含量达 55%～60%以上。燃烧：浓缩黑液送燃烧炉利用其热值焚烧。燃烧后的无机物以熔融状流出燃烧炉进入苛化工段。苛化：澄清后的滤液进入水中形成绿液，转化为 NaOH 及 Na₂S	在稳定、正常运行条件下，碱回收的投资回收期 5～10 年，木浆回收期较短，非木浆较长（日产 34 000 t 浆（日产 100 t 浆）计算，碱回收的直接经济效益（商品碱价按 1 700 元/t，回收碱按 800 元/t 计）7 344 万元/a。按吨浆 COD 产生量 1 400 kg，碱回收去除 COD 80%计，日产 100 t 浆的企业每年可减少 COD 排放 38 080 t
35	射流气浮法回收纸机白水技术	适用于造纸白水中纤维、填料及水的回收，也适用于各类废水处理中的固液分离及污泥浓缩	压力溶气水经减压释放出直径约为 50 μm 气泡的气—水混合气与含有悬浮物的废水（如纸机白水中的纤维及填料）混合，形成气—水复合体在气浮池进行分离。分离后的水则由设在气浮池适当位置的集水管道回收送至清水池，浮选在表面的悬浮物（如纸浆、填料）则收集到刮浆机，不能上浮或沉积在气浮池的泥浆斗中，定期排放，以保证出水水质稳定	以回收纸机白水 300 m³/d 为例，总投资 35 万元，回收年产 300 m³，年净效益 23 万元，年削减废水排放量 81 万 m³，SS 596 t，COD 300 t。投资回收期限 1.5 年，年削减废水排放量 81 万 t，节约纸浆 180 t

编号	技术名称	适用范围	主要内容	投资及效益分析
36	多盘式真空过滤机处理纸机白水	年产1万t以上的大、中型纸浆造纸厂，用于造纸白水中纤维、填料及水的回收	滤盘表面覆盖着滤网，为了回收白水中细小纤维，预先在白水中加入一定量的长纤维作纤维，预挂浆在液槽内转动，滤盘在液槽中形成一定厚度的浆层，并依靠纸浆退浆差造成的负压（或抽真空），使白水中的细小纤维附着在液面，当浆层露出液面，负压作用而复始消失，高压喷水把浆层剥落，滤盘周而复始回收工作，白水中细小纤维和化学物质得到回收，同时也净化了白水	以年产1万t的纸浆造纸厂为例，采用多盘式真空过滤机处理纸机白水，总投资62万元，回收期1年，年直接经济效益96万元，净效益92万元；年回收纸浆（绝干）纤维1462t，年节约清水137万t；年少排废水108万t，悬浮物1919t，少缴污费约2万元
37	超效浅层气浮设备	水的回收和污水净化	超效气浮在原理上与传统溶气气浮相同。所不同的是，它是一先进的快速气浮系统，成功地运用了浅池理论和"零速"原理，通过精心设计，气浮、集凝、聚、撇渣、沉淀、刮泥为一体，是一种水质净化处理的高效设备	以6 000 m³/d处理设备为例，设备投资为100万元左右。设备用作OCC废纸中段水，纸机的白水回收，即使考虑土建投资在内，投资回收期也不足一年
38	玉米酒精糟全干燥生产蛋白饲料（DDGS）	地处能源丰富，以玉米为原料的大、中型酒精生产企业	玉米酒精糟固液分离，分离后滤液部分回用，部分蒸发浓缩至糖浆状，再将浓缩后的浓缩物与分离的湿糟混合，干燥制成全干燥酒精糟蛋白饲料。DDGS蛋白含量达27%以上，其营养价值可与大豆相当，是十分畅销的精饲料	6万t酒精DDGS蛋白饲料生产线，总投资2 988万元；年产DDGS蛋白饲料5.4万～5.6万t；废水达标排放，彻底消除污染
39	差压蒸馏	大、中型酒精生产装置	差压蒸馏在两塔以上的生产工艺中使用，各塔在不同的压力下操作，第一效蒸馏塔金直接用蒸汽加热，塔顶蒸汽作为第二效塔金再沸温度器的加热介质，它本身在再沸器中冷凝，依次逐渐加热进行，直到最后一效塔顶蒸汽用冷却水冷凝	配套3万t酒精蒸馏生产线（大部分采用不锈钢材质）投资1 100万元（不包括土建）。吨酒精节约蒸汽3.6t，年节约蒸汽10.8万t

编号	技术名称	适用范围	主要内容	投资及效益分析
40	薯类酒精糟厌氧-好氧处理	以薯类为原料的大、中、小的酒精生产厂酒精生产工艺	薯类酒精糟通过厌氧发酵，既可去除有机污染物，产生沼气（甲烷含量大于56%）用于燃料、发电等，又可以把废液中植物不能直接利用的有机肥料，钾转化为可利用的有机肥料。发酵后的消化液分离污泥后进入曝池进行好氧处理。厌氧污泥脱水后可作优质肥料，出水达标排放。厌氧池产生的剩余活性污泥返回厌氧罐进行处理	以年产1万t的酒精厂计算，总投资550万元，投资回收期6年（含建设期）。年直接经济效益沼气部分：沼气用于燃锅炉70万元，沼气用于发电200万元；好氧部分：废水达标排放，节省排污费54.4万元；干污泥（含水80%）用作肥料，年收益20万元。采用厌氧-好氧处理工艺，污染物总去除率COD可达98.3%，BOD 599.1%，SS 99.2%，废水全部达标排放
41	饱和盐水转鼓腌制法保存原皮技术	大、中、小型皮革企业猪、牛皮原料皮的保藏	饱和盐水转鼓腌制法是一种动态腌皮加工过程。在腌制过程中，皮、盐任转鼓中均匀混合，盐里腌，利用率高，其用盐量仅为皮重量的30%左右	以年产30万张猪皮制革厂为例，饱和盐水转鼓腌制法年撒盐法用盐量约1050t，传统撒盐法年消耗盐用量约1050t，饱和盐水转鼓腌制法撒盐法年耗盐450t，年节约资金20万元，一年即可收回投资。同时饱和盐水转鼓腌制法保存厚皮技术兑服了传统撒盐法由于原皮常带有的污染变腐对盐腌皮产生的不利影响，以及被污染的腌皮对原皮造成的损害，提高了盐腌皮的保存期，具有较好的环境效益和经济效益
42	含铬废液补充新鞣液直接循环再利用技术	适用于各种类型的制革厂	建立一封闭的铬液循环系统，将制革生产的浸酸操作和鞣制操作分开，设置专门的铬鞣区域，使废铬液与其他废液彻底分开，并循环利用	建立一套完善的500 t/d的废铬液循环利用系统需资金约20万元，系统建成使用后一年即可收回投资，同时减少了含铬废液的排放
43	啤酒酵母回收及综合利用	各种规模啤酒厂的废啤酒酵母回收利用	将啤酒发酵过程中产生的废酵母泥进行固液分离以回收啤酒和酵母。分离后的啤酒应用膜分离技术进行微孔精滤，去除杂菌及酵母菌，分离后的啤酒清澈透明，以1%比例兑入成品啤酒中，不影响啤酒质量。酵母饼经自溶、烘干、粉碎得酵母粉，是优质蛋白饲料添加剂	以年产5万t啤酒厂为例，总投资80万元，投资回收期12~14个月。直接经济效益76万元/a，净效益70万元/a。啤酒酵母回收后可减少啤酒废水污染负荷50%左右（COD），减少废水治理基建投资37%，减少酒损1%

编号	技术名称	适用范围	主要内容	投资及效益分析
44	味精发酵液除菌体生产高蛋白饲料、浓缩提取氨酸、浓缩废母液生产复合肥技术	味精厂	避免菌体及其破裂后的碎片释放出的胶蛋白、核蛋白和核糖核酸影响含氨酸的提取与精制；发酵液除菌体与浓缩能提高含氨酸提取率与精制得率；发酵液提取含氨酸后复合有高达100 000 mg/L，有利于进一步生产了复合肥料而消除污染	以年产5 000 t谷氨酸计，若全部采用国产设备总投资600万元，若提取采用进口设备总投资2 800万元。年产蛋白饲料600 t，复合利肥6 000 t。综合利用部分产品出可抵消废水处理运转费用。对排放品进行的72小时连续监测，日COD减少80%（约20 t），BOD减少91%，SS减少71%，NH_3-N减少85%，为废水的二级生化处理创造了条件
			纺织行业	
45	转移印花新工艺	涤纶、锦纶、丙纶等合成纤维织物	利用分散染料将预先绘制的图案染制在纸上（80 g/m²重磅新闻纸），再利用分散染料加热升华及合成纤维加热膨胀特性，通过加热、加压将染料转移到合成纤维中，冷却后达到印花的目的	印纸机：20万元～30万元/台，转移印花机10万～20万元/台，投资回收期为0.5~1年，设备寿命10~15年。同时消除了印染水中COD的产生和排放
46	超滤法回收染料	棉印染行业，回收还原性染料等疏水性染料	将染料材料（成膜剂）、二甲基甲酰胺（溶剂）、乙二醇甲醚（添加剂）通过转膜器，采用急剧凝胶工艺制成具有一定微孔的聚砜膜超滤膜，装成超滤器，在压力0.2 MPa下，对氧化后的还原染料残液进行过滤，回收	超滤器约5万元/台，一年左右可以回收设备费用。降低了印染废水中的色度，减少了印染废水中COD的产生量
47	涂料染色新工艺	棉染整行业、针织染整行业、毛巾、床单行业等织物染色	采用涂料着色剂（非致癌性）和高强度黏合剂（非醛类交联剂）制成轧染液，通过浸轧均匀渗透并吸附在布上，再通过烘干、焙洪，交链，固着在织物上，（涂料和黏合剂）交链，温白自交链接即右焙洪即右焙洪着色固着在织物上，染后不需洗涤即可直接出品	利用原有部分染色设备，不需再投资，工艺简单、成本低；目前涂料染色占织物染色总量的30%左右，比使用传统染料染色，节省了显色、固色、皂洗、水洗等诸多工序，节约了大量水、汽、电的消耗

编号	技术名称	适用范围	主要内容	投资及效益分析
48	涂料印花新工艺	棉印染行业，针织印染行业	采用涂料（颜料超细粉）、着色剂及交联黏合剂制成印浆，通过成印花、烘干、焙固三个步骤即可完成印花，比传统的染料印花减少了显色、固色、皂洗、水洗等诸多工序，节约了水、汽、电，并减少了废水排放量	利用原有设备，不需再投资。与传统印花相比，各项费用可节省15%～20%。目前涂料印花数量占印花织物总量的60%。节约了水、汽、电，并减少了废水排放量
49	棉布前处理冷轧堆一步法工艺	棉印染行业，针织印染行业，毛巾印染行业整理加工，床单行业等使用棉及涤棉织物前处理	采用高效练漂助剂及碱氧一步法工艺，使传统前处理工艺退浆、煮练、漂白三个工序合并成经浸轧堆置水洗一道工序，成品质量可达到三道工序的质量水平	新建一条生产线，设备投资180万～250万元，每年节省劳工费用45万元，总计节约350万～400万元
50	酶法水洗牛仔纤织物	棉型牛仔纤织物	采用纤维素酶水洗牛仔布（布料或成衣），可以达到采用火山石磨洗效果	提高了产品质量，改善了服用性能、手感好，但成本与石磨法基本持平，产品附加值增加。同时降低了废水的pH值，减少了废水中悬浮物的含量，提高了废水的可生化性
51	丝光浓碱回收技术	棉及涤棉织物的碱减印染行业	丝光时采用250 g/L以上的浓碱液（NaOH）浸轧织物，丝光后产生50 g/L的残碱液。通过采用过滤（去除纤维等杂质）、蒸浓（三效真空蒸发器）技术，使残碱液浓缩至260 g/L以上，再回用于丝光、煮练等工艺	一套碱回收装置及配套设备，总投资300万～400万，年回收碱液5 400 t，价值约270万元，减少废水COD排放量40%，并改善废水pH值
52	红外线定向辐射器代替普通电热管及煤气	棉印染行业，棉针织染整行业，造纸，轻工，烟草等行业干燥工艺	利用双孔石英玻璃壳体（背面镀金属膜），直接反射辐射能量，提高热效率。能谱集中在2.5～15 μm，辐射能量与烘干介质能有效匹配，采用高温电热合金材料为烘发元件的发热体和冷端处理工艺，延长了辐射器的使用寿命，热惯性小，升温快，辐射表面温场分布均匀	改造一台定型机10万元，一台烘干机2万～3万元，投资2～3个月即可回收。改善了操作环境，提高了能源的利用率

编号	技术名称	适用范围	主要内容	投资及效益分析
53	酶法退浆	棉及涤棉织物、人造棉、涤粘织物	利用高效淀粉酶（BF-7658 酶）代替烧碱（NaOH）去除织物上的淀粉浆料，无抽对环境的污染	沉淀酶、果胶酶等与烧碱价格基本持平，但由于产品质量好（特别是高档免烫织物），附加值也高。同时降低了废水的 pH 值，提高了废水的可生化性
54	粘胶纤维厂蒸煮系统废气回收利用	以棉短绒为原料的人造纤维厂	采用畜热器（40 m³），气、液、固三相分离（分离出短纤维）蒸气喷射式热泵，将热能加以回收，再用于新料的加热等，形成一个封闭的系统，实现生产全过程自动控制	若按 15 个蒸球计算，总投资 36 万元，3 年即可回收投资
55	用高效活性染料代替通活性染料，减少染料使用量	使用活性染料较多的棉印染行业及针织、巾被等行业	采用新型双活性基团（一氯均三嗪和乙烯砜基团）代替普通活性染料，提高染料上染率，减少废水中染料残留量	每百米节约染料费 10~20 元，节约能源（水、电、汽）费用 4 元；年产 2 000 万 m 中型企业，年约费用 280 万~480 万元
56	从洗毛废水中提取羊毛脂	进口羊毛、国产新疆、内蒙等地区羊毛	在连续式五槽式洗毛机中，利用逆流漂洗原理，在第二、三槽中投加纯碱及浓碱以去除羊毛所含油脂并利用碟片式离心机将油脂分离出来。第四、五槽漂洗液不断向一、二、三槽补充，大大减少洗毛废水排放量和新鲜用水量	总投资 38.5 万元（一条洗毛毛线提取羊毛脂及其配套设备），每年节约费用 36.7 万元（包括节管药剂、新鲜水及提取羊毛脂），投资回收期 1.4 年。同时减少了洗毛废水排放量和新鲜用水量
57	涤纶纺真丝绸印染工艺碱减量工段废碱液回用技术	涤纶碱减量工艺中的碱回（适宜同断式收挂炼槽工艺）	涤纶碱减量液中，含有对苯二甲基酸甲酯、乙二胺及较大量碱残留液，通过适度冷却采用专用的加压过滤设备，使碱液保留在净化液中，经过补碱重新回用于生产中	总投资 10 万元，综合经济效益每年 4.1 万元，投资回收期 2.8 年，主体设备寿命 7 年

附录 4-2 发酵行业清洁生产技术推行方案

发酵行业清洁生产技术推行方案

工信部节[2010]104 号

一、总体目标

1. 味精行业主要目标

至 2012 年，味精吨产品能耗平均约 1.7 t 标煤，较 2009 年下降 10.5%，全行业降低消耗 52 万 t 标煤/a；新鲜水消耗降至 1.1 亿 t/a；年耗玉米降至 425 万 t/a；废水排放量降至 1.05 亿 t/a，减排 7 000 万 t/a；减少 COD 产生 159 万 t/a；减少氨氮产生 4.48 万 t/a；减少硫酸消耗 81.6 万 t/a；减少液氨消耗 16 万 t/a。

2. 柠檬酸行业主要目标

至 2012 年，柠檬酸吨产品能耗平均约 1.57 t 标煤，较 2009 年下降 13.7%，全行业降低消耗 25 万 t 标煤/a；新鲜水消耗降至 4 000 万 t/a；废水排放量降至 3 500 万 t/a，减排 2 000 万 t/a；减少硫酸消耗 72 万 t/a；减少碳酸钙消耗 72 万 t/a；减排硫酸钙 96 万 t/a；减排 CO_2 38.4 万 t/a。

二、应用示范技术（指已研发成功、尚未产业化应用，对提升行业清洁生产水平作用突出、具有推广应用前景的关键、共性技术。下同）

序号	技术名称	适用范围	技术主要内容	解决的主要问题	技术来源	所处阶段	应用前景分析
1	新型浓缩连续等电提取工艺	味精行业	本工艺采用新型浓缩连续等电提取工艺替代传统味精生产中的等电-离交工艺，对各氨酸发酵液采用连续等电、二次结晶与转晶以及喷浆造粒生产复混肥等技术，解决味精行业提取工段产生大量高浓离交废水的问题，且无高氨氮废水排放。同时采用自动化热泵设备将结晶过程中的二次蒸汽回收利用，达到节约蒸汽、降低能耗的目的。本工艺的实施降低了能耗、水耗以及化学品消耗，提高了产品质量，用水量大、能耗高等产生和排放	传统的谷氨酸提取工艺大多采用等电-离交工艺，即发酵液直接在低温条件下等电结晶，结晶母液经离交回收母液中的谷氨酸。传统工艺投入设备多、离交废水量大；硫酸、液氨消耗量大；工艺复杂、生产环节较多、用水量大，污染严重；生产成本高。本工艺将高产酸发酵液浓缩后采用连续等电、二次结晶与转晶工艺提取谷氨酸，替代了氨基酸行业内传统的等电-离交工艺，解决传统工艺污强度高、用水量大、能耗高等酸碱用量高等问题	自主研发	应用阶段	本技术实施后，味精吨产品减少了60%硫酸和30%液氨消耗，且无高氨氮废水排放，吨产品耗水量可降低20%以上；能耗可降低10%以上；吨产品COD产生量可降低50%左右；各项清洁生产技术指标接近或达到国际先进水平。以年产10万t味精示范企业为例：每年可节约硫酸约5.1万t；节约液氨约1万t；节约用水约180万m³；节约能源消耗约2万t标煤；减小COD产生约3.5万t，减少氨氮排放0.28万t。全行业推广（按80%计算）每年可节约硫酸约81.6万t；节约液氨约16万t；节约用水约2 880万m³；节约能源消耗约32万t标煤；减少COD产生约56万t，减少氨氮排放4.48万t

序号	技术名称	适用范围	技术主要内容	解决的主要问题	技术来源	所处阶段	应用前景分析
2	发酵母液综合利用新工艺	味精行业	本工艺将剩余的结晶母液采用多效蒸发器浓缩，再经蒸汽机内处理较困难。本工艺不但可将雾化后送入喷浆造粒机内，制成有机复合肥，至此发酵母液完全得到利用，实现发酵母液的零排放。工艺中利用非金属导电复合材料的静电处理设备处理喷浆造粒过程中产生的烟气，处理具有较强异味的烟气，处理效率可达95%以上	味精生产中提取谷氨酸后的发酵母液有机物含量高，酸性大，处理后制成有机复合肥。本工艺不但可将剩余发酵母液完全得到利用，实现零排放，且具有投资小、生产及运行成本低，经济效益好的特点。本工艺同时还解决了由喷浆造造成了的烟气的污染问题，具有显著的经济效益和社会效益	自主研发	应用阶段	该技术实施后味精吨产品COD产生量减少约80%，并可产生1t有机复合肥，增加产值600元。以年产10万t味精示范企业为例：每年可减少COD产生约6万t；生产10万t有机复合肥，增加产值6 000万元。全行业推广（按80%计算）每年可减少COD产生约96万t；生产160万t有机复合肥，增加产值9.6亿元。
3	发酵废水资源再利用技术	柠檬酸行业	本技术将柠檬酸废水中的COD作为一种资源来考虑，通过厌氧反应器，在活性厌氧菌群的作用下，将废水中90%以上的COD转化为沼气和厌氧沼气经脱硫颗粒污泥时将沼气经脱硫除害后，由生物菌群将沼气中有害的硫化物分解为单质硫，增加了企业的沼气产值，降低了沼气燃烧时对大气污染。本技术实现了发酵废水资源的新的经济效益综合利用	本技术可将有机酸高浓度废水中的COD转化成沼气和厌氧活性颗粒污泥。沼气可用作锅炉燃烧或发电，厌氧活性颗粒污泥可作为厌氧发生器的菌源进行出售。本技术不但降低了高浓度废水浓度，降低了废水治理成本，还将废水资源进行了综合利用。整个废水产生二次污染，并创造了新的经济效益，节约了能源	自主研发	应用阶段	本技术实施后，可消减废水中90%COD，降低废水处理成本，并使废水中资源得到循环利用。每吨柠檬酸产生的废水可沼气发电约240kW·h；产生厌氧性颗粒污泥约0.05 t。以年产5万t柠檬酸示范企业为例，每年产沼气发电约1 200万kW·h，增加产值约600万元；产生厌氧活性颗粒污泥约2 500t，增加产值约250万元；共沼气每年增加约860万元产值。全行业推广后（按80%计算）年可利用废水产生的沼气发电约1.92亿kW·h，增加产值约9 600万元；产生厌氧性颗粒污泥4万t，增加产值约1.36亿元；年可生产厌氧活性颗粒污泥约4 000万t；年可增加产值约

序号	技术名称	适用范围	技术主要内容	解决的主要问题	技术来源	所处阶段	应用前景分析
4	高性能温敏型菌种定向选育及发酵过程控制技术	味精行业	本技术利用现代生物学手段定向改造现有温度敏感型菌种，选育出具有目的遗传性状、产酸率高的高产菌株，同时对高产菌株发酵生物合成网络进行代谢网络定量分析，结合发酵过程控制技术，优化发酵的产酸率，提高糖酸转化率。其产酸率可提高到 17%～18%，糖酸转化率提高到 65%～68%。采用该技术不仅可降低粮耗和能耗，并可通过提高产酸率和糖酸转化率达到降低水耗和糖酸转化率达到提高产品玉米消耗降低 19% 以上、能耗可降低 10%，COD 产生量减少 10% 的目的	现阶段味精企业普遍使用生物素亚适量型菌种，其产酸率和糖酸转化率较低，产酸率在 11%～12%，糖酸转化率在 58%～60%。采用本技术可解决味精生产中菌种产酸率和糖酸转化率较低的问题，其糖酸转化率可达到 17%～18%，糖酸转化率可达到 65%～68%，不仅可降低味精生产过程中提高糖酸转化率达到降低水耗，并可通过提高糖酸转化率减少 COD 产生的目的，其吨产品玉米消耗降低 19% 以上，COD 产生量减少 10%	自主研发	应用阶段	该技术实施后精味单位产品玉米消耗降低 19% 以上；能耗可降低 10%；COD 产生量减少 10%。以年产 10 万 t 味精示范企业为例：每年可节约玉米约 4.5 万 t；节约能源消耗约 2 万 t 标煤；减少 COD 产生约 0.7 万 t。全行业推广后（按 50% 计算）每年可节约玉米约 45 万 t；每年可节约能源消耗折 20 万 t 标煤；减少 COD 产生约 7 万 t。

三、推广技术

序号	技术名称	适用范围	技术主要内容	解决的主要问题	技术来源	所处阶段	应用前景分析
5	阶梯式水循环利用技术	味精、淀粉糖等耗水较高的行业	本技术将温度较低的新鲜水用于结晶等工序的降温；将温度较高的降温用水供给其他生产环节；将冷却过程水温度提高，降低能耗	本技术的实施可节约用水，减少水的消耗，改变企业内部各生产环节用水不合理现象，本技术主	自主研发	推广阶段	味精行业 20% 的企业在生产中采用该技术，该技术在味精行业内应用比例可达到 90%。采用此技术味精企业每年可节水近 30%。该技术实施后可使

序号	技术名称	适用范围	技术主要内容	解决的主要问题	技术来源	所处阶段	应用前景分析
5	阶梯式水循环利用技术	味精、淀粉糖等耗水较高的行业	器冷却水及各种泵冷却水降温后循环利用；糖车间温度较高，可供冷却车间用，较好且温利用，对各车间用水统筹考虑，又降了淀粉乳洗涤，既节约用水，又降低蒸汽消耗；在末端利用 ASND 技术治理综合废水，实现废水回用，减少了废水排放。本工艺通过低企业新鲜水用量，并利用对生产工艺的技术改造及合理布局，加强各生产环节之间水协调，实现了水的循环使用，降低了味精用水量	要是对企业的生产工艺进行了技术改造，打破企业内部用水无规划现状，对各车间用水统筹考虑，加强各车间之间协调，降低企业新鲜水用量，并利用 ASND 技术治理综合废水，实现废水回用，减少了废水排放。本工艺的实施大幅度降低了味精废水用水量和排放量	自主研发	推广阶段	示范企业水循环利用率达到60%以上。以年产5万t味精示范企业为例，每年可节水约135万 m³。在味精行业推广后（按80%计算）每年可节约用水约4 320万 m³
6	冷却水封闭循环利用技术	柠檬酸、淀粉糖等粉糖等耗水较高行业	本技术主要针对企业生产过程中的冷凝水、冷却水封闭的冷凝水。冷却水将冷却水降温后，本技术术将冷却水封闭回收，因冷凝水温度较高，将其热量回收后，直接作为工艺补水无水使用。本工艺的实施减少了新鲜水的消耗，并降低了污水排放量	本技术通过对生产过程中的冷凝水、冷却水封闭循环利用，不仅减少了新鲜水的用量，降低了柠檬酸单位产品的用水量，还降低了污水的排放量。同时，通过对热能的吸收再利用，可降低生产中的能耗，达到节能的目的	自主研发	推广阶段	柠檬酸行业30%的企业在生产中采用该技术，推广后应用比例可达到90%。该技术实施后，企业每年可节水约20%；冷却水重复利用率达到75%以上；蒸汽冷凝水利用率达到50%以上。以年产5万t柠檬酸示范企业为例，每年可节约用水约60万 m³。在柠檬酸行业推广后（按90%产能计算）每年可节约用水约1 080万 m³

附录4-3　发酵行业清洁生产评价指标体系（试行）（节选味精部分）

发酵行业清洁生产评价指标体系（试行）

（节选味精部分）

国家发展和改革委员会公告

[2007]第41号

前　言

为贯彻落实《中华人民共和国清洁生产促进法》，指导和推动发酵企业依法实施清洁生产，提高资源利用率，减少和避免污染物的产生，保护和改善环境，制定发酵行业清洁生产评价指标体系（试行）（以下简称"指标体系"）。

本指标体系用于评价发酵企业的清洁生产水平，作为创建清洁先进生产企业的主要依据，并为企业推行清洁生产提供技术指导。

本指标体系依据综合评价所得分值将企业清洁生产等级划分为两级，即代表国内先进水平的"清洁生产先进企业"和代表国内一般水平的"清洁生产企业"。随着技术的不断进步和发展，本指标体系每3～5年修订一次。

本指标体系由中国轻工业清洁生产技术中心起草。

本指标体系由国家发展和改革委员会负责解释。

本指标体系自发布之日起试行。

1 发酵行业清洁生产评价指标体系的适用范围

本评价指标体系适用于发酵行业，包括酒精、味精、柠檬酸等发酵生产企业。

2 发酵行业清洁生产评价指标体系的结构

根据清洁生产的原则要求和指标的可度量性，本评价指标体系分为定量评价和定性要求两大部分。

定量评价指标选取了有代表性的、能集中体现"节能"、"降耗"、"减污"和"增效"等有关清洁生产最终目标的指标，建立评价体系模式。通过对各项指标的实际达到值、评价基准值和指标的权重值进行计算和评分，综合考评企业实施清洁生产的状况和企业清洁生产程度。

定性评价指标主要根据国家有关推行清洁生产的产业发展和技术进步政策、

资源环境保护政策规定以及行业发展规划选取，用于定性考核企业对有关政策法规的符合性及其清洁生产工作实施情况。

定量指标和定性指标分为一级指标和二级指标。一级指标为普遍性、概括性的指标，二级指标为反映发酵企业清洁生产各方面具有代表性的、内容具体、易于评价考核的指标。考虑到不同类型发酵企业生产工序和工艺过程的不同，本评价指标体系根据不同类型企业各自的实际生产特点，对其二级指标的内容及其评价基准值、权重值的设置有一定差异，使其更具有针对性和可操作性。

味精行业企业定量和定性评价指标体系框架见下图：

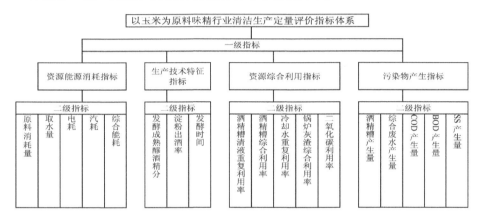

以玉米为原料味精行业清洁生产定量评价指标体系

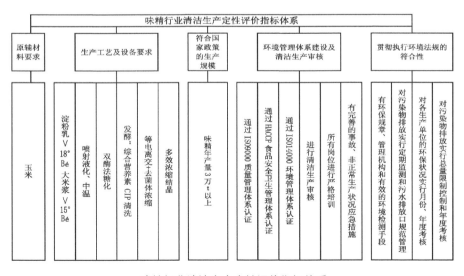

味精行业清洁生产定性评价指标体系

3 发酵企业清洁生产评价指标的评价基准值及权重分值

在定量评价指标中，各指标的评价基准值是衡量该项指标是否符合清洁生产基本要求的评价基准。本评价指标体系确定各定量评价指标的评价基准值的依据是：凡国家或行业在有关政策、规划等文件中对该项指标已有明确要求的就执行国家要求的数值；凡国家或行业对该项指标尚无明确要求的，则选用国内重点大中型发酵企业近年来清洁生产所实际达到的中上等以上水平的指标值。因此，本定量评价指标体系的评价基准值代表了行业清洁生产的平均先进水平。

在定性评价指标体系中，衡量该项指标是否贯彻执行国家或行业有关政策、法规的情况，按"是"或"否"两种选择来评定。选择"是"即得到相应的分值，选择"否"则不得分。

清洁生产评价指标的权重分值反映了该指标在整个清洁生产评价指标体系中所占的比重。它原则上是根据该项指标对发酵企业清洁生产实际效益和水平的影响程度大小及其实施的难易程度来确定的。

清洁生产是一个相对概念，它将随着经济的发展和技术的更新而不断完善，达到新的更高、更先进水平，因此清洁生产评价指标及指标的基准值，也应视行业技术进步趋势进行不定期调整，其调整周期一般为 3 年，最长不应超过 5 年。

3.2 味精企业清洁生产评价指标体系

表5　以玉米为原料味精企业定量评价指标项目、权重及基准值

一级指标	权重值	二级指标	单位	权重值	评价基准值
（1）资源和能源消耗指标	30	原料消耗量	t/t	6	2.4
		取水量	m^3/t	8	100
		电耗	$kW·h/t$	3	1 300
		汽耗	t/t	3	10
		综合能耗	tce/t	10	1.8
（2）生产技术特征指标	30	淀粉糖化收率	%	4	99
		发酵糖酸转化率	%	4	58.0
		发酵产酸率	%	4	11.0
		谷氨酸提取收率	%	4	96.0
（2）生产技术特征指标	30	精制收率	%	4	96.0
		纯淀粉出 100%味精收率	%	10	74.7

一级指标	权重值	二级指标	单位	权重值	评价基准值
（3）资源综合利用指标	25	淀粉渣（玉米渣）生产饮料	%	5	100
		菌体蛋白生产饲料	%	5	100
		冷却水重复利用率	%	5	80
		发酵废母液综合利用率	%	5	100
		锅炉灰渣综合利用率	%	5	100
（4）污染物产生指标	15	发酵废母液（离交尾液）产生量	m^3/t	4	10
		综合废水产生量	m^3/t	5	95
		COD 产生量	kg/t	2	600
		BOD 产生量	kg/t	2	390
		SS 产生量	kg/t	2	350

注：污染物产生指标是指生产吨产品所产生的未经污染治理设施处理的污染物量。

表6　味精企业清洁生产定性评价指标项目及指标分值

一级指标	指标分值	二级指标		指标分值
（1）原辅材料	15	玉米		15
（2）生产工艺及设备要求	20	调粉浆	淀粉乳>18° Bé　大米浆>15° Bé	5
		液化	喷射液化、中温	5
		糖化	双酶法	3
		发酵	综合营养素　CIP 清洗	3
		提取	等电离交+去菌体浓缩	2
		浓缩结晶	多效浓缩结晶	2
（3）符合国家政策的生产规模	10	味精年产量 3 万 t 以上		10
（4）环境管理体系建设及清洁生产审核	25	通过 ISO 9000 质量管理体系认证		3
		通过 HACCP 食品安全卫生管理体系认证		4
		通过 ISO 14000 环境管理体系认证		5
		进行清洁生产审核		5
		开展环境标志认证		2
		所有岗位进行严格培训		3
		有完善的事故、非正常生产状况应急措施		3
（5）贯彻执行环境保护法规的符合性	25	有环保规章、管理机构和有效的环境检测手段		6
		对污染物排放实行定期监测和污水排放口规范管理		6
		对各生产单位的环保状况实行月份、年度考核		6
		对污染物排放实行总量限制控制和年度考核		7

4 发酵企业清洁生产评价指标的考核评分计算方法

4.1 定量评价指标的考核评分计算

企业清洁生产定量评价指标的考核评分，以企业在考核年度（一般以一个生产年度为一个考核周期，并与生产年度同步）各项二级指标实际达到的数值为基础进行计算，综合得出该企业定量评价指标的考核总分值。定量评价的二级指标从其数值情况来看，可分为两类情况：一类是该指标的数值越低（小）越符合清洁生产要求（如原料消耗量、取水量、综合能耗、污染物产生量等指标）；另一类是该指标的数值越高（大）越符合清洁生产要求（如淀粉糖化收率、发酵糖酸转化率、发酵产酸率、水的循环利用率、锅炉灰渣综合利用率等指标）。因此，对二级指标的考核评分，根据其类别采用不同的计算模式。

4.1.1 定量评价二级指标的单项评价指数计算

对指标数值越高（大）越符合清洁生产要求的指标，其计算公式为

$$S_i = \frac{S_{xi}}{S_{oi}}$$

对指标数值越低（小）越符合清洁生产要求的指标，其计算公式为

$$S_i = \frac{S_{oi}}{S_{xi}}$$

式中：S_i——第 i 项评价指标的单项评价指数。如采用手工计算时，其值取小数点后两位；

S_{xi}——第 i 项评价指标的实际值（考核年度实际达到值）；

S_{oi}——第 i 项评价指标的评价基准值。

本评价指标体系各二级指标的单项评价指数的正常值一般在 1.0 左右，但当其实际数值远小于（或远大于）评价基准值时，计算得出的 S_i 值就会较大，计算结果就会偏离实际，对其他评价指标的单项评价指数产生较大干扰。为了消除这种不合理影响，应对此进行修正处理。修正的方法是：当 $S_i > k/m$ 时（其中 k 为该类一级指标的权重分值，m 为该类一级指标中实际参与考核的二级指标的项目数），取该 S_i 值为 k/m。

4.1.2 定量评价考核总分值计算

定量评价考核总分值的计算公式为

$$P_1 = \sum_{i=1}^{n} S_i \cdot K_i$$

式中：P_1 —— 定量评价考核总分值；

n —— 参与定量评价考核的二级指标项目总数；

S_i —— 第 i 项评价指标的单项评价指数；

K_i —— 第 i 项评价指标的权重分值。

若某项一级指标中实际参与定量评价考核的二级指标项目数少于该一级指标所含全部二级指标项目数（由于该企业没有与某二级指标相关的生产设施所造成的缺项）时，在计算中应将这类一级指标所属各二级指标的权重分值均予以相应修正，修正后各相应二级指标的权重分值以 K_i' 表示：

$$K' = K_i \cdot A_j$$

式中：A_j —— 第 j 项一级指标中，各二级指标权重分值的修正系数。$A_j = A_1/A_2$。

A_1 为第 j 项一级指标的权重分值；A_2 为实际参与考核的属于该一级指标的各二级指标权重分值之和。

如由于企业未统计该项指标值而造成缺项，则该项考核分值为零。

4.2 定性评价指标的考核评分计算

定性评价指标的考核总分值的计算公式为

$$P_2 = \sum_{i=1}^{n^*} F_i$$

式中：P_2 —— 定性评价二级指标考核总分值；

F_i —— 定性评价指标体系中第 i 项二级指标的得分值；

n^* —— 参与考核的定性评价二级指标的项目总数。

4.3 综合评价指数的考核评分计算

为了综合考核发酵企业清洁生产的总体水平，在对该企业进行定量和定性评价考核评分的基础上，将这两类指标的考核得分按不同权重（以定量评价指标为主，以定性评价指标为辅）予以综合，得出该企业的清洁生产综合评价指数和相对综合评价指数。

4.3.1 综合评价指数（P）

综合评价指数是描述和评价被考核企业在考核年度内清洁生产总体水平的一项综合指标。国内大中型发酵企业之间清洁生产综合评价指数之差可以反映企业之间清洁生产水平的总体差距。综合评价指数的计算公式为

$$P = 0.6P_1 + 0.4P_2$$

式中：P—— 企业清洁生产的综合评价指数；

　　　P_1、P_2—— 分别为定量评价指标中各二级指标考核总分值和定性评价指标中各二级指标考核总分值。

4.3.2　相对综合评价指数（P'）

相对综合评价指数是企业考核年度的综合评价指数与企业所选对比年度的综合评价指数的比值。它反映企业清洁生产的阶段性改进程度。相对综合评价指数的计算公式为

$$P' = \frac{P_b}{P_a}$$

式中：P'—— 企业清洁生产相对综合评价指数；

　　　P_a、P_b—— 分别为企业所选定的对比年度的综合评价指数和企业考核年度的综合评价指数。

4.4　发酵行业清洁生产企业的评定

本评价指标体系将发酵企业清洁生产水平划分为两级，即国内清洁生产先进水平和国内清洁生产一般水平。对达到一定综合评价指数值的企业，分别评定为清洁生产先进企业或清洁生产企业。

根据目前我国发酵行业的实际情况，不同等级的清洁生产企业的综合评价指数列于表 10。

表 10　发酵行业不同等级清洁生产企业综合评价指数

清洁生产企业等级	清洁生产综合评价指数
清洁生产先进企业	$P \geqslant 90$
清洁生产企业	$75 \leqslant P < 90$

按照现行环境保护政策法规以及产业政策要求，凡参评企业被地方环保主管部门认定为主要污染物排放未"达标"（指总量未达到控制指标或主要污染物排放超标），生产淘汰类产品或仍继续采用要求淘汰的设备、工艺进行生产的，则该企业不能被评定为"清洁生产先进企业"或"清洁生产企业"。清洁生产综合评价指数低于 80 分的企业，应类比本行业清洁生产先进企业，积极推行清洁生产，加大技术改造力度，强化全面管理，提高清洁生产水平。

5 指标解释

《发酵行业清洁生产评价指标体系》部分指标的指标解释如下：

5.2 味精生产

（1）取水量

生产每吨味精（99%）的取水量，包括：原料处理、废水治理、综合利用等。

$$取水量 = \frac{年生产味精(99\%)取水量总和(m^3)}{年味精(99\%)产量(t)}$$

（2）吨产品原料消耗量

生产每吨味精（99%）的原料消耗量。

（3）电耗

生产每吨味精（99%）耗用电量，包括：原料处理、废水治理、综合利用等。

$$电耗 = \frac{年生产味精(99\%)耗用总电量(kW \cdot h)}{年味精(99\%)产量(t)}$$

（4）汽耗

生产每吨味精（99%）耗汽量，包括：原料处理、废水治理、综合利用等。

$$汽耗 = \frac{年生产味精(99\%)耗用蒸汽总量(t)}{年味精(99\%)产量(t)}$$

（5）综合能耗

$$综合能耗 = \frac{年生产味精(99\%)综合能耗标煤量(t)}{年味精(99\%)产量(t)}$$

综合能耗是发酵企业在计划统计期内，对实际消耗的各种能源实物量按规定的计算方法和单位分别折算为一次能源后的总和。综合能耗主要包括一次能源（或如煤、石油、天然气等）、二次能源（如蒸汽、电力等）和直接用于生产的能耗工质（如冷却水、压缩空气等），但不包括用于动力消耗（如发电、锅炉等）的能耗工质。具体综合能耗按照当量热值，即每千瓦时按 3 596 kJ 计算，其折算标准煤系数为 0.122 9 kg/（kW·h）。

（6）淀粉糖化收率

在一定时间内，实际测得葡萄糖量与理论计算应得葡萄糖量之比的百分率。

$$淀粉糖化收率 = \frac{\sum(水解糖液数量 \times 实测含量)}{\sum(耗用淀粉数量 \times 纯度 \times 1.11)} \times 100\%$$

（7）发酵糖酸转化率

在一定时间内，实际测得谷氨酸量与投入葡萄糖总量之比的百分率。

$$发酵糖酸化率 = \frac{\sum(发酵液体积 \times 谷氨酸含量)}{\sum(投入糖液体积 \times 含量)} \times 100\%$$

（8）发酵产酸率

在一定时间内，发酵液中谷氨酸总量与发酵液总体积之比的百分率（包括倒灌发酵液体积）。

$$发酵产酸率 = \frac{\sum(发酵液体积 \times 谷氨酸含量)}{发酵液总体积} \times 100\%$$

（9）谷氨酸提取收率

在一定时间内，从发酵液提取谷氨酸总量与发酵液谷氨酸总量之比的百分率。

$$谷氨酸提取收率 = \frac{\sum 提取谷氨酸总量}{\sum 发酸液体积 \times 谷氨酸含量} \times 100\%$$

（10）精制收率

在一定时间内，经精制实得味精量与理论计算应得味精量之比的百分率。

$$精制收率 = \frac{\sum(实得味精量 \times 含量)}{\sum(投入谷氨酸量 \times 含量 \times 1.272)} \times 100\%$$

（11）纯淀粉出 100%味精收率

纯淀粉出 100%味精收率=淀粉糖化收率×发酵糖酸转化率×提取收率×精制收率×1.11×1.272×100%

（12）淀粉渣

用玉米、大米、淀粉原料，经液化、糖化工艺，并经过滤产生的滤渣，即淀粉渣（大米渣）。

（13）菌体蛋白

糖化液加入培养基，接入菌种，经发酵完成后的菌体量。

（14）冷却水重复利用率

在一定时间内，味精生产（包括原料处理、综合利用等）的冷却水重复利用水量综合与取冷却水量和冷却水重复利用水量总和之比的百分率。

$$冷却水重复利用率 = \frac{冷却水重复利用总量(m^3)}{去冷却水量总和(m^3) + 冷却水重复利用总量(m^3)} \times 100\%$$

（15）发酵废母液（离交尾液）

发酵母液经提取谷氨酸后即为发酵废母液。发酵废母液再经离子交换树脂交换，其流出液即为离交尾液。

（16）发酵废母液（离交尾液）产生量

在一定时间内，发酵废母液（离交尾液）产生量之和与味精总产量之比。

$$发酵废母液(离交尾液)产生量 = \frac{发酵废母液(离交尾液)产生量之和}{味精总产量}$$

（17）综合废水产生量

在一定时间内，味精生产（包括原料处理、综合利用、废水治理等）各部分废水之和，扣去重复利用水量。

$$综合废水产生量 = 发酵废母液（离交尾液）（m^3）+洗涤水（m^3）+冷却水（m^3）-重复利用水量（m^3）$$

（18）污染物产生指标

污染物产生指标是指废水进入污水处理设施之前的数值。

附录4-4　清洁生产标准　味精工业（HJ 444—2008）

清洁生产标准　味精工业

（HJ 444—2008）

1　适用范围

本标准规定了味精工业清洁生产的一般要求。本标准将清洁生产标准指标分成五类，即生产技术特征指标、资源能源利用指标、污染物产生指标（末端处理前）、废物回收利用指标和环境管理要求。

本标准适用于味精（以玉米为原料）工业的企业的清洁生产审核、清洁生产潜力与机会的判断，以及清洁生产绩效评定和清洁生产绩效公告制度，也适用于环境影响评价、排污许可证管理等环境管理制度。

2　规范性引用文件

本标准内容引用了下列文件中的条款。凡是不注日期的引用文件，其有效版本适用于本标准。

GB/T 2589　综合能耗计算通则

GB/T 11914—89　水质　化学需氧量的测定　重铬酸盐法

GB/T 7478—87　水质　铵的测定　蒸馏和滴定法

3　术语和定义

下列术语和定义适用于本标准。

3.1　清洁生产

指不断采取改进设计、使用清洁的能源和原料、采用先进的工艺技术与设备、改善管理、综合利用等措施，从源头削减污染，提高资源利用效率，减少或者避免生产、服务和产品使用过程中污染物的产生和排放，以减轻或者消除对人类健康和环境的危害。

3.2　取水量

从各种水源取得的水量，用于供给企业用水的源水水量。

各种水源包括取自地表水、地下水、城镇供水工程以及从市场购得的蒸汽等水的产品，但不包括企业自取的海水和苦咸水。

3.3 循环用水量

指在确定的系统内，生产过程中已用过的水，无须处理或经过处理再用于系统代替取水量利用。

4 规范性技术要求

4.1 指标分级

味精生产过程清洁生产水平分三级技术指标：

一级：国际清洁生产先进水平；

二级：国内清洁生产先进水平；

三级：国内清洁生产基本水平。

4.2 指标要求

味精工业的清洁生产指标要求见表1。

表1 味精工业清洁生产标准指标要求

项目		一级	二级	三级
一、生产技术特征指标				
1. 淀粉糖化收率/%		≥99.5	≥99.0	≥98.0
2. 发酵糖酸转化率/%		≥63.0	≥60.0	≥57.0
3. 发酵产酸率/%		≥13.5	≥12.0	≥10.0
4. 谷氨酸提取收率/%	等电离交	≥98.0	≥96.5	≥95.0
	浓缩等电	≥90.0	≥88.0	≥84.0
5. 精制收率/%		≥98.5	≥96.5	≥95.0
6. 纯淀粉出 100% 味精收率/%	等电离交	≥85.4	≥78.1	≥71.2
	浓缩等电	≥78.4	≥71.2	≥62.9
二、资源能源利用指标				
1. 取水量/（m^3/t）		≤55	≤60	≤65
2. 原料消耗量[①]/（t/t）	等电离交	≤1.7	≤1.9	≤2.2
	浓缩等电	≤1.9	≤2.1	≤2.3
3. 综合能耗（外购能源）/（t 标煤/t）		≤1.5	≤1.7	≤1.9

项目		一级	二级	三级
三、污染物产生指标				
1. 发酵废母液（离交尾液）产生量/（m³/t）		≤8	≤9	≤10
2. 废水产生量/（m³/t）		≤50	≤55	≤60
3. 化学需氧量（COD_{Cr}）产生量/（kg/t）		≤100	≤110	≤120
4. 氨氮（NH₃-N）产生量/（kg/t）		≤15	≤16.5	≤18
四、废物回收利用指标				
1. 玉米渣和淀粉渣生产饲料/%		100	100	100
2. 菌体蛋白生产饲料/%		100	100	100
3. 冷却水重复利用率/%		≥85	≥80	≥75
4. 发酵废母液综合利用率/%		100	100	100
5. 锅炉灰渣综合利用率/%		100	100	100
6. 蒸汽冷凝水利用率/%		≥70	≥60	≥50
五、环境管理要求				
1. 环境法律法规标准		符合国家和地方有关环境法律、法规，污染物排放达到国家排放标准、总量控制和排污许可证管理要求		
2. 组织机构		设专门环境管理机构和专职管理人员		
		环境管理制度健全、完善并纳入日常管理		建立了较完善的环境管理制度
3. 环境审核		按照环境保护部《清洁生产审核暂行办法》的要求进行了清洁生产审核，并全部实施了无、低费方案		
4. 生产过程环境管理	原料用量及质量	规定严格的检验、计量控制措施		
	生产设备的使用、维护、检修管理制度	有完善的管理制度，并严格执行		对主要设备有具体的管理制度，并严格执行
	生产工艺用水、电、气管理	所有环节安装计量仪表进行计量，并制定严格的定量考核制度		对主要环节安装计量仪表进行计量，并制定定量考核制度
	环保设施管理	记录运行数据并建立环保档案		
	污染源监测系统	按照《污染源自动监控管理办法》的规定，安装污染物排放自动监控设备，并保证设备正常运行，自动监测数据应与地方环保局或环保部监测数据网络连接，实时上报		
5. 固体废物处理处置		对一般固体废物分类进行资源化处理，对危险废物按照国家要求全部进行安全处置		
6. 相关方环境管理		对原材料供应方、生产协作方、相关服务方提出环境管理要求		

注：① 原料是指含水率为14%的商品玉米。

5　数据采集和计算方法

5.1　监测方法

本标准各项指标的采样和监测按照国家标准监测方法执行，见表2。

废气和废水污染物产生指标是指末端处理之前的指标，应分别在监测各个车间或装置后进行累计。所有指标均按采样次数的实测数据进行平均。

表2　废水污染物各项指标监测采样及分析方法

污染源类型	监测项目	测点位置	监测采样及分析方法	监测及采样频次
水污染源	化学需氧量（COD）	废水处理站入口	重铬酸盐法（GB/T 11914—89）	每半个月监测一次，每次监测采样按照《地表水和污水监测技术规范》执行
	氨氮（NH$_3$-N）		蒸馏和滴定法（GB/T 7478—87）	

注：采用计算的污染物平均浓度应为每次实测浓度的废水流量的加权平均值。

5.2　统计核算

污染物产生指标是指末端处理之前的指标，以监测的年日均值进行核算。

取水量数据可按日均值统计，并应考虑到生产、季节等影响因素，选取有代表性的时段。

5.3　计算方法

企业的原材料、新鲜水及能源消耗、产品产量等均以法定月报表或者年报表为准。各项指标的计算方法如下。

5.3.1　单位产品取水量

企业生产每吨味精（99%）需要从各种水源所取得的水量。

计算如下：

$$V_{ui} = \frac{V_i}{Q}$$

式中：V_{ui}——生产每吨味精（99%）的取水量，m^3/t；

　　　V_i——在一定计量时间内味精（99%）生产取水量，m^3；

　　　Q——在一定计量时间内味精（99%）产量，t。

5.3.2 单位产品综合能耗

$$E_{ui} = \frac{E_i}{Q}$$

式中：E_{ui} —— 生产每吨味精（99%）的综合能耗（标煤），t/t；

Q —— 在一定计量时间内味精（99%）产量，t；

E_i —— 在一定计量时间内综合能耗的消耗量（标煤），t。

综合能耗是味精生产企业在计划统计期内，对实际消耗的各种能源实物量按规定的计算方法和单位分别折算为一次能源后的总和。综合能耗主要包括一次能源（如煤、石油、天然气等）、二次能源（如蒸汽、电力等）和直接用于生产的能耗工质（如冷却水、压缩空气等），但不包括用于动力消耗（如发电、锅炉等）的能耗工质。具体综合能耗按照《综合能耗计算通则》（GB/T 2589），电力按照当量热值折标煤，即每千瓦时按 3 596 kJ 计算，其折算标准煤系数为 0.122 9 kg/（kW·h）。

5.3.3 淀粉糖化收率

$$R_a = \frac{Q_s \times r_1}{Q_d \times r_2 \times 1.11}$$

式中：R_a —— 淀粉糖化收率，%；

Q_s —— 水解糖液数量，kg；

r_1 —— 水解糖液葡萄糖实测含量，%；

Q_d —— 耗用淀粉数量，kg；

r_2 —— 淀粉纯度，%。

5.3.4 发酵糖酸转化率

$$R_b = \frac{V_f \times r_3}{V_t \times r_4}$$

式中：R_b —— 发酵糖酸转化率，%；

V_f —— 发酵液体积，m^3；

r_3 —— 发酵液谷氨酸含量，kg/m^3；

V_t —— 投入糖液体积，m^3；

r_4 —— 投入糖液葡萄糖含量，kg/m^3。

5.3.5 发酵产酸率

$$R_c = \frac{V_f \times r_3}{V_f}$$

式中：R_c —— 发酵产酸率，%；

V_f —— 发酵液体积，m³；

r_3 —— 发酵液谷氨酸含量，kg/m³。

5.3.6　谷氨酸提取收率

$$R_d = \frac{Q_t}{V_f \times r_3}$$

式中：R_d —— 谷氨酸提取收率，%；

Q_t —— 提取谷氨酸总量，kg；

V_f —— 发酵液体积，m³；

r_3 —— 发酵液谷氨酸含量，kg/m³。

5.3.7　精制收率

$$R_e = \frac{Q_w \times r_5}{Q_g \times r_6 \times 1.272}$$

式中：R_e —— 精制收率，%；

Q_w —— 实得味精量，kg；

r_5 —— 实得味精谷氨酸含量，%；

Q_g —— 投入谷氨酸量，kg；

r_6 —— 投入谷氨酸的谷氨酸含量，%。

5.3.8　纯淀粉出100%味精收率

$$R_f = R_a \times R_b \times R_d \times R_e \times 1.11 \times 1.272$$

式中：R_f —— 纯淀粉出100%味精收率，%；

R_a —— 淀粉糖化收率，%；

R_b —— 发酵糖酸转化率，%；

R_d —— 谷氨酸提取收率，%；

R_e —— 精制收率，%。

5.3.9　综合废水产生量

在一定时间内，味精生产（包括原料处理、综合利用、废水治理等）各部分废水之和，扣去重复利用水量。

$$V_w = V_1 + V_2 + V_3 - V_4$$

式中：V_w —— 废水产生量，m³；

V_1 —— 发酵废母液（离交尾液），m³；

V_2 —— 洗涤水，m³；

V_3 —— 冷却水，m³；

V_4 —— 重复利用水量，m^3。

5.3.10　冷却水重复利用率

在一定时间内，味精生产（包括原料处理、综合利用等）的冷却水重复利用水量综合与取冷却水量和冷却水重复利用水量总和之比的百分率。

$$R = \frac{V_r}{V_i + V_r}$$

式中：R —— 冷却水重复利用率，%；

　　　V_r —— 在一定计量时间内冷却水重复用水量，m^3；

　　　V_i —— 在一定计量时间内冷却水取水量，m^3。

6　标准的实施

本标准由各级人民政府环境保护行政主管部门负责监督实施。

附录 5　国家出台的有关味精行业的政策

附录 5-1　国家发展改革委关于加强玉米加工项目建设管理的紧急通知

国家发展改革委关于加强玉米加工项目建设
管理的紧急通知

发改工业[2006]2781 号

各省、自治区、直辖市及计划单列市、新疆生产建设兵团发展改革委、经贸委（经委）、农业部、国土资源部、环保总局、国家工商局、中国人民银行：

近几年来玉米深加工产业得到快速发展，有效地调动了农民种植积极性，产量大幅度增长，玉米产量已由 2000 年的 1.07 亿 t 增加到 2005 年的 1.4 亿 t，在粮食中的比重也增加 5.9 个百分点。玉米连续丰收，但市场价格不降反升，没有出现以往丰产不丰收的现象，对引导农业结构调整，推动产业化经营，促进农民增收，实现工业反哺农业具有积极的作用。但是值得注意的是，一些地区出现了玉米加工能力扩张过快、低水平盲目建设严重、玉米加工转化利用效率低等问题。如不加以引导，不仅玉米加工业难于健康发展，还将引发粮食总量和结构问题。为了落实科学发展观，加强对玉米加工业的宏观调控，现将有关事项通知如下：

一、当前玉米加工业发展需要重视的几个问题

（一）工业加工产能扩张过快，增长幅度远远超过玉米生产增长水平。2001 年我国玉米工业加工转化消耗玉米仅为 1 250 万 t，2005 年增加到 2 300 万 t 以上，比 2001 年增长了 84%，年均增长 16.5%；而同期玉米产量增长了 21.9%，年均增长率 5.1%，远低于工业加工产能扩张的速度。随着玉米工业加工的快速增长，部分地区已显现加工能力过剩的倾向。

（二）粗放型加工，初级产品多，玉米转化利用效率不高。目前，我国玉米加工产业大多产品结构雷同，初加工产品多，高附加值产品少，产业链不长，资源综合利用水平低。

（三）项目布局过于集中，结构出现失衡。来自全国的投资，过多地集中在河北、河南、山东、东北三省等玉米主产区，虽然加快了这些地区的玉米深加工的发展，但同时也引发了玉米加工项目过于集中，一些玉米主产区已经出现了加工能力超过玉米生产能力，需要从外省调玉米或进口的趋势。

（四）不搞循环经济，污染严重。玉米深加工具有生物化工的技术工艺特点，生产中会产生大量高浓度的有机废水，相当一部分玉米加工企业，工艺技术水平不高，不搞循环经济、环保工程，成为新的污染源。

二、玉米加工业盲目发展的负面影响及后果

适度发展玉米加工业，对调动农民种粮积极性、稳定玉米生产、促进农民增收、推动地方经济发展是有促进作用的。但是目前一哄而起，盲目建设的势头，不仅不利于农业结构调整，也不利于玉米加工产业的健康发展并有可能会引发国家粮食安全问题。

（一）导致国内玉米供求出现缺口。我国人多地少的基本国情，以及耕地和水资源减少趋势的不可逆转，决定着我国中长期粮食供求将处于紧平衡状态，粮食安全始终是国家重视的重大战略问题。目前，我国玉米主要还是以作为饲用为主，且饲料用玉米需求呈现较快增长的态势。由于玉米加工业（工业加工）过快发展，已出现与饲料工业争粮的问题，影响畜牧业发展，一些地区甚至玉米主产区都已在考虑进口玉米了。

（二）引发主要粮食品种生产格局的调整。玉米加工业的过快发展，导致玉米需求量的上升和供求关系的紧张，推动国内玉米价格持续上扬，改变玉米和小麦、稻谷等主要粮食作物的比价关系，刺激玉米生产的过度扩张，会导致挤压小麦、稻谷生产的发展空间，引起粮食品种结构的失衡。

（三）影响玉米加工业健康发展。目前玉米加工业的过快发展，意味着市场竞争更加激烈，企业将面临更大的风险。如果这种势头不加以遏制，玉米加工业就不可能实现可持续发展。

三、促进玉米加工产业健康有序发展

玉米具有十分丰富的营养和元素，既是重要的粮食品种，也是宝贵的资源，推动玉米加工业健康有序发展对实施工业反哺农业、替代能源战略等具有十分重

要的意义。但鉴于我国人多地少的基本国情，各地区、各部门要从确保国家粮食安全的高度，切实加强玉米加工产业发展的管理。在发展中，要遵循以下原则：

（一）统筹规划，科学发展。玉米加工产业链条长，涉及国民经济众多行业。各地区要结合当地实际，按照科学发展观的要求，贯彻落实《全国食品工业"十一五"发展纲要》等规划精神，认真做好玉米加工产业区域发展规划的编制工作，特别要注意做好饲料用玉米的衔接与平衡，加强对产业的科学引导。

当前重点要把握处理好三个方面的问题，一是加工能力扩张要与耕地和玉米供给能力相适应；二是玉米加工业内部结构调整要平稳推进；三是加工转化效率与循环经济水平要同时提升。

（二）完善标准，严格准入。各地区特别是玉米主产区，要从国家整体利益出发，根据本地区实际情况，严格控制玉米加工总量，从生产规模、技术水平、综合利用、转化效率、市场需求、产品结构、循环经济、环保等方面严格行业准入标准，坚决制止低水平重复建设。

（三）合理布局，调整结构。根据我国适宜玉米种植地区相对集中的特点，以满足国内市场需求为主，综合考虑资源条件、生产基础、市场需求以及资金、技术等方面因素，在重点产区优先适度发展玉米深加工产业。要着眼于提高产业竞争力，构建优势产业群体，延长产业链。实现产业结构稳定合理，产品结构多元化，产品的市场结构多层次，加工企业集团化、规模化和集约化的目标。

（四）坚持非粮为主，积极稳妥推动生物燃料乙醇产业发展。生物燃料乙醇项目建设需经国家投资主管部门核准，"十五"期间建设的4家以消化陈化粮为主的燃料乙醇生产企业，未经国家核准不得增加产能，要进一步改进现有工艺，实现原料多元化的柔性生产。国家即将出台的《生物燃料乙醇及车用乙醇汽油"十一五"发展专项规划》以及相关产业政策，明确提出"因地制宜，非粮为主"的发展原则，各地不得以玉米加工为名，违规建设生物燃料乙醇项目，盲目扩大玉米加工能力，也不得以建设燃料乙醇项目为名，盲目发展玉米加工乙醇能力。

四、近期开展的工作

针对当前国内出现的玉米加工业重复建设、盲目发展的趋势，各级发展改革部门要认真做好以下几项工作：

（一）立即暂停核准和备案玉米加工项目，并对在建和拟建项目进行全面清理。各级发展改革部门要针对本地区玉米加工企业的生产能力、产品结构等方面进行一次认真清理，检查项目建设土地审查、环境评价、银行承诺等配套条件落实情况，如发现存在违规行为，要严肃查处，同时将查处结果及有关情况尽快上报我委。

（二）请玉米主产区和主要加工地区的省市抓紧制定玉米加工业专项规划，并与《全国食品工业"十一五"发展纲要》相衔接。以加强对玉米加工业的指导，国家发改委将对各地规划进行必要的指导和衔接，在规划出台前，不能盲目启动玉米加工项目。

（三）加大对玉米加工企业的组织结构调整。加快国有企业的体制创新与机制创新，增强企业活力；加大对规模小、技术落后、低水平、重复建设的企业的整合力度，淘汰资不抵债、亏损严重的小企业；加快企业的兼并重组，鼓励强强联合，做强做大一批大型骨干企业，促进地方优势产业的形成，促进资源有效利用和效益提高。

国家发展改革委

二〇〇六年十二月八日

附录 5-2　国家发展改革委关于印发关于促进玉米深加工业健康发展的
　　　　　指导意见的通知

国家发展改革委关于印发关于促进玉米深加工业
健康发展的指导意见的通知

发改工业[2007]2245 号

各省、自治区、直辖市及计划单列市、副省级省会城市、新疆生产建设兵团发展
改革委、经贸委（经委），国务院有关部门、直属机构：

为加强对玉米深加工业管理，促进玉米深加工业健康发展，我委制定了《关
于促进玉米深加工业健康发展的指导意见》，经报请国务院同意，现印发你们，请
认真贯彻执行。

玉米是我国三大主要粮食作物之一，不仅可以作为食品和饲料，也是一种重
要的、可再生的工业原料，在国家食物安全中占有重要的地位。正确处理好玉米
生产、加工与消费的关系，对稳定粮食价格，确保国家食物安全具有重要意义。
近年来，玉米加工业的发展，对提高人民的膳食水平、推动农业产业化、稳定并
增加玉米生产、促进农民增收发挥了积极的作用，但同时一些地区也出现了玉米
加工能力扩张过快、低水平重复建设严重、玉米加工转化利用效率低和污染环境
等问题，部分在建项目不符合土地审批、环境评价、信贷政策的要求，对此要予
以高度重视。各地区、各有关部门要把指导玉米加工业健康有序发展作为当前加
强宏观调控的一项重要任务，抓紧抓好。

附件：关于促进玉米深加工业健康发展的指导意见

中华人民共和国国家发展和改革委员会

二〇〇七年九月五日

附件

关于促进玉米深加工业健康发展的指导意见

国家发展和改革委员会
2007 年 9 月

前　言

　　玉米是我国三大主要粮食作物之一，用途广、产业链长，不仅可以作为食品和饲料，还是一种重要的可再生的工业原料，在国家粮食安全中占有重要的地位。以玉米为原料的加工业包括食品加工业、饲料加工业和深加工业等三个方面，其中玉米深加工业是指以玉米初加工产品为原料或直接以玉米为原料，利用生物酶制剂催化转化技术、微生物发酵技术等现代生物工程技术并辅以物理、化学方法，进一步加工转化的工业。

　　"十五"以来，我国玉米深加工业也呈现快速增长的态势，对带动农业结构调整、加快产业化经营、调动农民种粮积极性、稳定玉米生产、促进农民增收等具有积极的作用。但是，近年来玉米深加工业在发展过程中也出现了加工能力盲目扩张、重复建设严重的情况，一些主产区上玉米深加工项目的积极性高涨，新建、扩建或拟建项目合计产能增长速度大大超过玉米产量增长幅度，导致了外调原粮数量减少，并影响到饲料加工、禽畜养殖等相关行业的正常发展。如果玉米深加工产业不考虑国内的资源情况而盲目发展，将会产生一系列不利影响。

　　为防止一哄而上、盲目建设和投资浪费，严格控制玉米深加工过快增长，实现饲料加工业和玉米深加工业的协调发展，保障国家食物安全，特制定《关于促进玉米深加工业健康发展的指导意见》。

一、我国玉米加工业发展现状及面临的形势

（一）发展现状

　　"十五"期间我国玉米消费量从 2000 年的 1.12 亿 t 增长到 2005 年的 1.27 亿 t，年均增长 2.5%。2006 年国内玉米消费量（不含出口）为 1.34 亿 t，比 2005 年增长 5.5%；其中，饲用消费 8 400 万 t，占国内玉米消费总量的 64.2%，比重呈下降趋势；深加工消耗玉米 3 589 万 t，占消费总量的 26.8%，比重呈增长趋势；种用

和食用消费相对稳定。特别需要注意的是，近两年来随着化石能源在全球范围内的供应趋紧，以玉米淀粉、乙醇及其衍生产品为代表的玉米深加工业发展迅速，成为农产品加工业中发展最快的行业之一，并表现出如下特点：

一是深加工消耗玉米量快速增长。2006 年深加工业消耗玉米数量比 2003 年的 1 650 万 t 增加了 1 839 万 t，累计增幅 117.5%，年均增幅高达 29.6%。

二是企业规模不断提高。玉米加工企业通过新建、兼并和重组等方式，提高了产业集中程度，出现了一批驰名中外的大型和特大型加工企业，拥有玉米综合加工能力亚洲第一、世界第三且在多元醇加工领域拥有核心技术的大型企业。

三是产品结构进一步优化。玉米加工产品逐渐由传统的初级产品淀粉、酒精向精深加工扩展，氨基酸、有机酸、多元醇、淀粉糖和酶制剂等产品所占比重不断扩大，产业链不断延长，资源利用效率不断提高。

四是产业布局向原料产地转移的趋势明显。2006 年，东北三省、内蒙古、山东、河北、河南和安徽等 8 个玉米产区深加工消耗玉米量合计 2 965 万 t，占全国深加工玉米消耗总量的 82.6%。

五是对种植业结构调整和农民增收的带动作用日益增强，玉米种植面积保持稳定增长。以玉米深加工转化为主导的农产品加工业已发展成为玉米主产省区的支柱产业和新的经济增长点，有效缓解了农民卖粮难问题，促进了农民增收。

表 1   2006 年以玉米为原料的深加工主要产品及玉米消耗量

单位：万 t

行业	产品	产量	玉米消耗量
淀粉加工产品	发酵制品	460	1 069
	淀粉糖	500	850
	多元醇	70	120
	变性淀粉	70	120
	其他医药、化工产品等	—	150
酒精	食用酒精	174	560
	工业酒精	142	448
	燃料乙醇	85	272
合计		—	3 589

（二）存在的问题

玉米加工业存在的问题主要集中在深加工领域，主要体现在以下几个方面。

一是玉米深加工产能扩张过快，增长幅度超过玉米产量增长水平。"十五"期间，我国玉米深加工转化消耗玉米数量累计增长94%，年均增长14%；而同期玉米产量仅增长了31%，年均增长率仅为4.2%，远低于工业加工产能扩张的速度。部分主产区玉米深加工项目低水平重复建设现象严重，一些产区已经出现加工能力过快扩张、原料紧张的倾向。

二是企业多为粗放型加工，初级产品多，产品结构不合理，部分小型企业加工转化效率低，资源综合利用率不高。

三是部分企业不搞循环经济，污染比较严重。目前，全国年产3万t或以下的小型玉米淀粉加工企业占20%左右，很多企业工艺技术水平不高，又不搞循环经济、环保工程，成为新的污染源。

四是专用玉米生产基地不足，贸、工、农一体化的产业化经营格局尚未真正形成，玉米种植标准化水平低，影响玉米深加工企业的效益。

适度发展玉米深加工产业，对调动农民种粮积极性、稳定玉米生产、促进农民增收、推动地方经济发展是有积极的促进作用的。但是，我国人多地少的基本国情，决定了在今后一个相当长的时期内，我国粮食产需紧平衡的态势不会改变。如果玉米深加工产业发展不考虑国内的资源情况而盲目扩张，将会产生一系列负面影响：一是可能会打破国内玉米供求格局，东北地区调出玉米量将大大减少，使南方主销区的饲料原料从依靠国内供给转为依靠进口，增加国家食物安全风险；二是玉米是最主要的饲料原料，玉米深加工业过度发展会挤占饲料玉米的供应总量，进而影响到肉禽蛋奶等人民生活必需品的正常供应；三是导致市场竞争更加激烈，加工企业将面临更大的风险，不仅影响玉米深加工业的健康发展，而且会造成玉米供求关系变化和价格波动，直接影响农民收入；四是玉米价格上涨将改变与稻谷、小麦、大豆等粮食作物的正常比价，继而影响粮食种植结构的合理化；五是引发国际粮价的波动。如果中国开始大量进口玉米，将改变全球玉米供求格局，国际玉米价格可能出现较大幅度的波动。

（三）面临的形势

1. 国内玉米产量增长缓慢，原料问题将成为玉米加工业发展的瓶颈

"十一五"期间我国粮食消费将继续保持刚性增长，而受耕地减少、水资源短缺等因素制约，粮食生产持续保持较大幅度增产的可能性不大，粮食供求将处于紧平衡状态。从玉米的产需形势看，预计到2010年国内玉米产量为1.5亿t左右，比2006年增长3.5%；国内玉米需求将超过1.5亿t，较2006年增长14.3%，产需关系将处于紧平衡的态势。

2．国际市场供需将持续偏紧，依靠进口补足国内缺口的难度较大

2006 年全球玉米产量约为 6.9 亿 t，预计 2010 年将增长到 8.2 亿 t；消费量约 7.2 亿 t，预计 2010 年将达到 8 亿 t 左右，在多数年份中玉米产量低于消费量。产销矛盾反映到库存上，将使全球库存持续处于较低水平。2006 年全球玉米库存为 9 300 万 t，为过去 20 年来的最低水平；预计 2010 年全球玉米库存为 9 471 万 t，仍将是历史较低水平。从玉米贸易看，2006 年全球玉米贸易量为 7 891 万 t，预计 2010 年将增至 8 390 万 t，趋势上虽然增长，但数量很小。预计未来 3 年全球玉米供求将处于紧平衡的格局，全球玉米贸易增长有限，低库存将成为一种常态，我国难以依靠国际市场解决国内深加工原料不足的问题。

3．深加工业与饲料养殖业争粮的矛盾将更加突出

根据当前国内肉蛋奶的消费现状与未来发展趋势，预测 2010 年养殖业对饲用玉米的需求量将达到 1.01 亿 t，"十一五"期间预计年均增长 4.7%。我国的养殖结构为猪肉占 55%，肉禽和蛋禽占 38%，反刍类和水产类占 7%，因此未来养殖业对饲料的需求增长主要体现在生猪和禽类上。提供均衡营养的饲料一般由 60% 的能量原料和 25% 的蛋白类原料构成，玉米是最好的能量原料。从饲料投喂方式看，猪肉和肉禽、蛋禽饲料生产中要添加 60% 的玉米，才能最佳发挥饲料效力。玉米深加工中的副产品玉米蛋白粉（DDGS）是一种蛋白类原料，它与玉米不具有替代性。

肉蛋奶等养殖产品与人民群众的日常生活息息相关，其供应状况关乎国计民生和社会稳定，应给予优先发展。但是，由于饲料养殖业的产品附加值一般低于玉米深加工业，在原料竞争中往往处于劣势。如何保证饲料养殖业对玉米原料的需求，从而保障国家食物安全，是玉米深加工业发展需要处理好的重大关系。

二、指导思想和基本原则

（一）指导思想

贯彻落实科学发展观，按照全面建设小康社会和走新型工业化道路的要求，以保障国家食物安全和提高资源利用效率为前提，以满足国内市场需求为导向，严格控制玉米深加工盲目过快发展，合理控制深加工玉米用量的增长速度和总量规模，优先保证饲料加工业对玉米的需求，促进玉米深加工业健康发展；推进玉米深加工业结构调整和产业升级，提高行业发展总体水平；优化区域布局，形成重点突出、分工明确、各有侧重的发展格局；推动产业化经营，引导优质专用玉米基地建设，反哺农业生产；发展循环经济，延伸资源加工产业链，提高综合利用水平。

（二）基本原则

一是控制规模，协调发展。严格控制玉米深加工项目盲目投资和低水平重复建设，坚决遏制过快发展的势头，使其发展与国内玉米生产能力相适应。

二是饲料优先，统筹兼顾。在充分保证饲料养殖业、食用和生产用种对玉米需求的基础上，根据剩余可用玉米数量适度发展深加工业，确保饲用、食用和生产用种玉米供应安全。

三是合理布局，优化结构。优化饲料加工业和玉米深加工业布局，在确保东北地区及内蒙古作为商品玉米产区地位不动摇的前提下，积极发展饲料加工业，适度发展深加工业。

四是立足国内，加强引导。玉米加工产业发展应以满足国内市场需求为基本思想，加强对玉米初加工及部分深加工产品出口的必要控制，避免加剧国内玉米资源的短缺局面。同时，鼓励适度进口一定数量的玉米，以满足国内市场需求。

五是循环经济，综合利用。坚持循环经济的理念，加快玉米深加工业的结构调整，坚持上规模上水平，提高资源利用水平和效益，减少污染物排放，降低单位产品能耗、物耗。

三、总体目标

通过政策引导与市场竞争相结合，加快产业结构、产品结构和企业布局的调整，淘汰一批落后生产力，提高自主创新能力，提升行业的技术和装备水平，形成结构优化、布局合理、资源节约、环境友好、技术进步和可持续发展的玉米加工业体系。"十一五"时期主要目标如下。

（1）保持协调发展。"十一五"时期饲料玉米用量的年增长率保持4.7%左右；控制深加工玉米用量的增长，保持基本稳定。

（2）用粮规模控制在合理水平。玉米深加工业用粮规模占玉米消费总量的比例控制在26%以内。

（3）区域布局更加合理。以东北和华北黄淮海玉米主产区为重点，加强玉米生产基地和加工业基地建设。到2010年东北三省及内蒙古玉米输出总量（不含出口）力争不低于1 700万t，输出总量占当地玉米产量的比重不低于30%。

（4）产业结构不断优化。企业规模化、集团化进程加快，资源进一步向优势企业集中，骨干企业的国际竞争力明显增强。

（5）基本建立起安全、优质、高效的玉米深加工技术支撑体系和监管体系，可持续发展能力增强。

（6）玉米利用效率显著提高，副产物得以综合利用，产业链不断延长。到2010年，深加工单位产品原料利用率达到97%以上，玉米消耗量比目前下降8%以上。

（7）资源消耗逐步降低，污染物全部达标排放。单位产值能耗降低20%，单位工业增加值用水量降低30%，玉米加工副产品及工业固体废物综合利用率达到95%以上，主要污染物排放总量减少15%。

四、行业准入

根据"十一五"期间我国食品工业、饲料养殖业发展的目标，结合未来4年农业产量增长前景，从行业准入、生产规模、技术水平、资源利用与节约、环保要求、循环经济等方面，对玉米深加工业的发展严格行业准入标准。

（一）建设项目的核准

调整现行玉米深加工项目管理方式，实行项目核准制。所有新建和改扩建玉米深加工项目，必须经国务院投资主管部门核准。

将玉米深加工项目，列入限制类外商投资产业目录。试点期间暂不允许外商投资生物液体燃料乙醇生产项目和兼并、收购、重组国内燃料乙醇生产企业。

基于目前玉米深加工业发展的状况，"十一五"时期对已经备案但尚未开工的拟建项目停止建设；原则上不再核准新建玉米深加工项目；加强对现有企业改扩建项目的审查，严格控制产能盲目扩大，避免低水平项目建设。

（二）产品结构调整方向

"十一五"期间，玉米深加工结构调整的重点是提高淀粉糖、多元醇等国内供给不足产品的供给；稳定以玉米为原料的普通淀粉生产；控制发展味精等国内供需基本平衡和供大于求的产品；限制发展以玉米为原料的柠檬酸、赖氨酸等供大于求、出口导向型产品，以及以玉米为原料的食用酒精和工业酒精。

（三）企业资格

从事玉米深加工的企业必须具备一定的经济实力和抗风险能力，而且诚实守信、社会责任感强。现有净资产不得低于拟建项目所需资本金的2倍，总资产不得低于拟建项目所需总投资的2.5倍，资产负债率不得高于60%，项目资本金比例不得低于项目总投资的35%，省级金融机构评定的信用等级须达到AA。

（四）资源节约与环境保护

现有玉米深加工企业要在资源利用、清洁生产、环境保护等方面达到行业国内先进水平。为加快结构调整进行的改扩建项目的原料利用率必须达到97%以上、淀粉得率68%以上，主要行业的能耗、水耗、主要污染物排放量等技术指标按照相关标准执行。

表2   新建、扩建玉米深加工项目的能耗、水耗等指标要求

行业	产品	玉米消耗/ （t/t 产品）	能源消耗/ （t 标准煤/t 产品）	水消耗/ （t/t 产品）
淀粉	淀粉	≤1.5	≤0.9	≤8
发酵制品	味精	≤2.5	≤2.8	≤100
	柠檬酸	≤1.8	≤2.5	≤40
	乳酸	≤2.1	≤2.5	≤60
	酶制剂	≤3.0	≤2.0	≤10
淀粉糖	葡萄糖	≤1.7	≤0.9	≤14
	麦芽糖	≤1.7	≤0.8	≤14
多元醇	山梨醇	≤1.7	≤1.5	≤25
酒精	酒精	≤3.15	≤0.7	≤40

五、区域布局

（一）饲料加工业布局

改革开放以来，受到经济发展水平影响，我国猪、禽养殖业主要集中在东部沿海和中部粮食主产区。与此相对应，我国饲料加工业也主要分布在这些地区。2005 年，东部沿海十省市和中部六省肉类产量和工业饲料产量占全国的比重分别为 61.9%和 64.3%，东北三省为 10.1%和 14.4%，西部地区 12 省区市为 28.0%和21.3%。从发展趋势看，随着近几年来东北地区畜牧业发展速度的加快，加上越来越多的东部沿海饲料加工企业到东北等玉米主产区投资办厂，东北等玉米主产区饲料加工业的地位将提高。

"十一五"时期，在稳定东部沿海的同时，稳步提高中部的发展水平，积极发展东北和西部玉米产区的饲料加工业。东部沿海地区和大城市郊区重点发展高附加值、高档次的饲料加工业、添加剂工业和饲料机械工业；东北和中部地区积极

发展饲料原料和饲料加工业，加快粮食转化增值；西南山地玉米区、西北灌溉玉米区和青藏高原玉米区要建立玉米饲料生产基地，加快发展玉米饲料加工业。有条件的地方要充分利用边际土地发展青贮玉米。

（二）深加工业布局

"十一五"时期，重点是优化产业布局，调整企业结构，延长产业链，培育产业集群，提高现有企业的竞争力。对于严重缺乏玉米和水资源的地区、重点环境保护地区，不再核准玉米深加工项目。主要行业的布局见表3。

表3　玉米深加工业区域布局的结构调整方向

行业	区域布局
淀粉	以山东、吉林、河北、辽宁等4省为主，重点是用于造纸、纺织、建筑和化工等行业需要的高附加值的特种变性淀粉，稳定以玉米为原料的普通淀粉生产
淀粉糖	以山东、河北、吉林为主，重点是作为食糖补充的固体淀粉糖，以及用作食品配料的多元醇（糖醇）
发酵制品	以山东、安徽、江苏、浙江等省为主，重点是进口替代的食品和医药行业需要的小品种氨基酸和其他新的发酵制品，不再新建或扩建柠檬酸、味精、赖氨酸、酒精等项目
多元醇	以吉林、安徽现有企业和规模进行试点，不再新建或改扩建其他化工醇项目，并结合国内玉米供需状况稳定发展
燃料乙醇	以黑龙江、吉林、安徽、河南等省现有企业和规模为主，按照国家车用燃料乙醇"十一五"发展规划的要求，不再建设新的以玉米为主要原料的燃料乙醇项目

六、政策措施

针对玉米加工业存在的问题，要采取综合性措施，加强对玉米深加工业的宏观调控，实现饲料加工业和玉米深加工业的协调发展，确保国家食物安全。

（一）加强对新建、扩建项目宏观调控，全面清理在建、拟建项目

各地区、各有关部门要按照国家发展改革委下发的《国家发展改革委关于加强玉米加工项目建设管理的紧急通知》和《国家发展改革委关于清理玉米深加工在建、拟建项目的紧急通知》的文件精神，立即停止备案玉米深加工项目，对在建、拟建项目进行全面清理。对已经备案但尚未开工的拟建项目，停止项目建设；对不符合项目土地审批、环境评价、城市规划、信贷政策等方面规定的项目，要暂停建设，限期整改，并将整改情况报国家发展改革委。

（二）科学规划，加强政策指导

玉米主产区要从保障国家粮食安全的全局利益出发，统筹规划本地区玉米生产、饲料加工业和深加工业的发展，严格控制玉米深加工业产能规模盲目扩张，使之与《食品工业"十一五"发展纲要》和《饲料加工业"十一五"发展规划》相衔接，并由国家发展改革委对各地规划进行必要的指导，以加强对玉米加工业发展的宏观调控。

（三）保持玉米食用消费、饲料和深加工的协调发展

对不同类型玉米加工业，实施区别对待的发展政策。一是鼓励发展玉米食品加工业，开发玉米食品加工新技术、新产品，提高产品科技含量和附加值，提高粮农和企业的经济效益。二是稳步发展饲料加工业，不断开发优质高效的饲料产品，提高饲料的质量安全水平，确保畜牧业发展对玉米饲料的要求。三是适度发展玉米深加工业，鼓励发展高附加值产品，限制发展供给过剩和高耗能、低附加值的产品以及出口导向型产品，严格控制深加工消耗玉米数量。

（四）加快产业结构调整

严格执行《促进产业结构调整暂行规定》和《产业结构调整指导目录》，淘汰低水平、高消耗、污染严重的企业，尤其是没有污水处理设施的小型淀粉和淀粉糖（醇）企业。完善产业组织形式，形成以大型企业为主导、中小企业配套合理的产业组织结构。积极培育大型玉米加工企业，推动结构调整，提高行业发展水平。鼓励和支持具有一定生产规模、市场前景看好、发展潜力大的国内玉米加工企业，通过联合、兼并和重组等形式，发展若干家大型企业集团，提高产业的集中度和核心竞争力。鼓励和引导玉米加工企业加强科技研发，增强自主创新能力，提高产品质量和档次，提升产业发展的整体水平。

（五）适当调整玉米及加工产品进出口政策

各地区原则上要减少玉米出口，以保证国内供求平衡。建立灵活的玉米进出口数量调节制度，在保证国内玉米生产稳定的条件下，东南沿海玉米主销区在国际市场玉米价格较低时，可适当进口部分玉米，满足国内饲料加工业的需求。研究完善玉米初加工产品和部分深加工产品的出口退税政策。具体产品名录另行规定。

（六）推进行业技术进步

加强科技研发，增强自主创新能力，不断提高产业的整体技术水平，实现产业升级。支持玉米加工业共性关键技术装备研发。重点支持玉米保质干燥、精深加工关键技术、新产品开发和重点装备的研发工作。

氨基酸行业要淘汰传统工艺和产酸低的微生物，确保菌种发酵的综合技术水平达到国际先进水平；废物全部利用生产蛋白饲料或生物发酵肥，减少外排废水中的 COD 值，全部达标排放。

有机酸行业要淘汰钙盐法提取工艺，缩短发酵周期 10%，提高产酸率和总收得率，降低电耗和水耗。

淀粉糖行业要采用新型的高效酶制剂、膜和色谱分离技术，开发水、汽和热能的循环利用工艺。

多元醇行业要应用现代生物技术开发国内急需的二元醇新产品，降低吨产品的玉米原料消耗和能源消耗。

酒精行业要淘汰高温蒸煮工艺、稀醪酒精发酵、常压蒸馏等工艺；鼓励采用浓醪发酵、耐高温酵母等新技术，提高玉米综合利用水平。

（七）提高资源综合利用效率

坚持循环经济的理念，对加工过程中产生的副产品尽可能回收，原料利用率达到 97%以上。延长加工产业链，提高玉米转化增值空间。降低资源消耗，走资源节约型发展道路。坚持清洁生产，实现污染物达标排放，建设环境友好型的玉米加工产业。

（八）大力开发饲料资源，提高保障能力

实施"青贮玉米饲料生产工程"，扩大"秸秆养畜示范项目"实施范围，建设青贮玉米饲料生产基地，促进秸秆资源的饲料化利用，降低饲料粮消耗。积极开发蛋白质饲料资源，充分利用动物血、肉、骨等动物屠宰下脚料和食品加工副产品，提高农副产品利用效率。

（九）增强扶持力度，鼓励玉米生产

继续实施各项支农惠农政策，稳定发展玉米生产，继续实施玉米良种补贴政策，加大对玉米优良品种种植技术的科研和推广力度，加强以中低产田改造为重点的农业生产能力建设，通过提高单产水平不断提高玉米产量。根据加工业对原料的需求，调整玉米种植结构，发展鲜（糯）玉米、饲用玉米、高油玉米、蜡质玉米、高直链玉米等优质、专用玉米生产基地。

（十）鼓励玉米加工企业"走出去"，开拓国际资源

积极参与世界粮食市场竞争，充分利用全球土地资源，通过融资支持、税收优惠、技术输出等国家统一制定的支持政策，鼓励玉米加工企业到周边、非洲、拉美等国家和地区建立玉米生产基地，发展玉米加工和畜禽养殖业，延伸国内农业生产能力，减少国内粮食生产的压力。

（十一）发挥中介组织作用，加强行业运行监测分析

充分发挥行业协会和其他中介组织在协助项目审查、信息统计、行业自律、技术咨询、法律规范与标准制定等方面的作用，协助政府及时、准确、全面地把握行业运行和投资情况，为国家宏观调控提供科学依据。

附：相关术语注释

1. 玉米加工业：是指以玉米为原料的加工业。按照产品的用途，玉米加工业可分为食品加工、饲料加工和工业加工等 3 个方面；按照加工的程度，可分为初加工（也称为一次加工）和深加工。

2. 玉米深加工业：玉米深加工产业是指以玉米初加工产品为原料或直接以玉米为原料，利用生物酶制剂催化转化技术、微生物发酵技术等现代生物工程技术并辅以物理、化学方法，进一步进行加工转化的工业。玉米深加工产品主要有四类：一是发酵制品，包括氨基酸（味精、饲料用赖氨酸、苯丙氨酸、苏氨酸、精氨酸）、强力鲜味剂（肌苷酸、鸟苷酸）、有机酸（柠檬酸、乳酸、衣康酸等）、酶制剂、酵母（食用、饲用）、功能食品等；二是淀粉糖，包括葡萄糖（浆）、麦芽糖（浆）、糊精、饴糖、高果葡糖浆、啤酒用糖浆、功能性低聚糖（低聚果糖、低聚木糖、低聚异麦芽糖）；三是多元醇，包括山梨糖醇、木糖醇、麦芽糖醇、甘露糖醇、低聚异麦芽糖醇、乙二醇、环氧乙烷、丙二醇等；四是酒精类产品，包括食用酒精、工业酒精、燃料乙醇等。

3. 工业饲料：经过工业化加工制作的、供动物食用的饲料，主要成分及其构成一般是：能量饲料（60%）、蛋白质饲料（20%）和矿物质及饲料添加剂（20%）。

4. 能量饲料：干物质中粗纤维含量在 18%以下、粗蛋白质含量在 20%以下、每千克消化能在 10.5 MJ 以上的饲料均属于能量饲料，玉米、小麦、稻谷、糠麸

和根茎类植物都是能量饲料，其中玉米每千克总能 17.1～18.2 MJ，消化率可达 92%～97%，被称为"饲料之王"。

5．蛋白质饲料：干物质中粗纤维含量在 18%以下、粗蛋白质含量在 20%以上的饲料，是配合饲料主要成分之一，根据其来源可分为植物性蛋白质饲料、动物性蛋白质饲料和微生物单细胞蛋白质饲料。其中豆粕、棉粕、菜籽粕是主要植物性蛋白质饲料；鱼粉、血粉、肉骨粉是主要的动物性蛋白质饲料；饲料酵母是主要的微生物单细胞蛋白饲料，DDGS 是酒精生产中产生的副产物，含有 27%～28%的蛋白质，可作蛋白饲料。

6．淀粉得率：是指经过加工得到的淀粉与原料玉米的百分比。

7．原料利用率：是指加工得到的淀粉和副产品（玉米皮、玉米胚芽和玉米蛋白粉等）与原料玉米的百分比。

附录 5-3　轻工业调整和振兴规划

轻工业调整和振兴规划

（国务院　2009 年 5 月 18 日）

轻工业承担着繁荣市场、增加出口、扩大就业、服务"三农"的重要任务，是国民经济的重要产业，在经济和社会发展中起着举足轻重的作用。为应对国际金融危机的影响，落实党中央、国务院关于保增长、扩内需、调结构的总体要求，确保轻工业稳定发展，加快结构调整，推进产业升级，特编制本规划，作为轻工业综合性应对措施的行动方案。规划期为 2009—2011 年。

一、轻工业现状及面临的形势

进入 21 世纪以来，我国轻工业快速发展，企业规模与实力明显提高，产业竞争力不断增强，吸纳就业和惠农作用显著。2008 年，我国轻工业实现增加值 26 235 亿元，占国内生产总值的 8.7%，家电、皮革、塑料、食品、家具、五金制品等行业 100 多种产品产量居世界第一；出口总额 3 092 亿美元，占全国出口总额的 21.7%，产品出口 200 多个国家和地区，家电、皮革、家具、羽绒制品、自行车等产品国际市场占有率超过 50%。全行业吸纳就业 3 500 万人。轻工业 70%的行业、50%的产值涉及农副产品加工，使 2 亿多农民直接受益，对解决"三农"问题发挥了不可替代的作用。制浆造纸、家用电器、塑料制品、皮革等行业通过引进消化吸收国外技术和关键设备，具备了较强的集成创新能力和一定的自主创新能力。我国已成为轻工业产品生产和消费大国。

但是，轻工业在快速发展的同时，长期积累的矛盾和问题也逐步显现。一是自主创新能力不强。出口产品以贴牌加工为主，产品附加值较低，关键技术装备主要依赖进口。二是产业结构亟待调整。生产能力主要分布在沿海地区，中西部地区发展滞后。出口市场主要集中在欧洲、美国、日本，尚未形成多元化格局。中低端产品多，高质量、高附加值产品少。低水平重复建设和盲目扩张严重。三是节能减排任务艰巨。化学需氧量（COD）排放占全国工业排放总量的 50%，废水排放量占全国工业废水排放总量的 28%。四是产品质量问题突出。产品质量保障体系不完善，企业质量安全意识不强，食品安全事件时有发生。

自 2008 年下半年以来，国际金融危机对我国轻工业造成严重冲击，国内外市场供求失衡，产品库存积压严重，企业融资困难，生产经营陷入困境，轻工业稳定发展形势严峻。我国轻工业市场化程度较高，适应能力较强，产品在国际市场上也具有一定的比较优势，内需市场的进一步扩大，为轻工业发展提供了广阔的市场空间。只要抓住时机，充分利用市场倒逼机制，下决心积极采取综合措施，就能够实现轻工业的调整和振兴。

二、指导思想、基本原则和目标

（一）指导思想

全面贯彻党的十七大精神，以邓小平理论和"三个代表"重要思想为指导，深入贯彻落实科学发展观，按照保增长、扩内需、调结构的总体要求，采取综合措施，扩大城乡市场需求，巩固和开拓国际市场，保持轻工业平稳发展；通过加快自主创新，实施技术改造，推进自主品牌建设，淘汰落后产能，着力推动轻工业结构调整和产业升级；走绿色生态、质量安全和循环经济的新型轻工业发展之路，进一步增强轻工业繁荣市场、扩大就业、服务"三农"的支柱产业地位。

（二）基本原则

1. 积极扩大内需，稳定国际市场。加强消费政策引导，增加有效供给，促进轻工产品消费。巩固传统出口市场，开拓国际新兴市场。

2. 突出重点行业，培育骨干企业。将产业关联度高、吸纳就业能力强、拉动消费效果显著、结构调整带动作用大的行业作为调整和振兴的重点，支持产品质量好、市场竞争力强、具有自主品牌的骨干企业发展壮大。

3. 扶持中小企业，促进劳动就业。采取积极的金融信贷、信用担保等政策，支持业绩良好、具有发展潜质的中小企业发展，充分发挥中小企业吸纳劳动力就业的作用。

4. 加快技术进步，淘汰落后产能。提高企业自主创新能力，重点推进装备自主化和关键技术产业化；加快造纸、家电、塑料、照明电器等行业技术改造步伐，淘汰高耗能、高耗水、污染大、效率低的落后工艺和设备，严格控制新增产能。

5. 保障产品质量，强化食品安全。以食品、家具、玩具和装饰装修等涉及人民群众身体健康的行业为重点，加强质量管理，完善标准和检测体系，打击制售假冒伪劣产品的违法行为，保障产品使用和食用安全。

（三）规划目标

1. 生产保持平稳增长。在稳定出口和扩大内需的带动下，轻工业产销稳定增长，行业效益整体回升，三年累计新增就业岗位 300 万个左右。

2. 自主创新取得成效。变频空调压缩机、新能源电池、农用新型塑料材料、新型节能环保光源等关键生产技术取得突破。重点行业装备自主化水平稳步提高，中型高速纸机成套装备实现自主化，食品装备自给率提高到 60%。

3. 产业结构得到优化。企业重组取得进展，再形成 10 个年销售收入 150 亿元以上的大型轻工企业集团。轻工业特色区域和产业集群增加 100 个，东中西部轻工业协调发展。新增自主品牌 100 个左右。

4. 污染物排放明显下降。到 2011 年，主要行业 COD 排放比 2007 年减少 25.5 万 t，降低 10%，其中食品行业减少 14 万 t、造纸行业减少 10 万 t、皮革行业减少 1.5 万 t；废水排放比 2007 年减少 19.5 亿 t，降低 29%，其中食品行业减少 10 亿 t、造纸行业减少 9 亿 t、皮革行业减少 0.5 亿 t。

5. 淘汰落后取得实效。淘汰落后制浆造纸 200 万 t 以上、低能效冰箱（含冰柜）3 000 万台、皮革 3 000 万标张、含汞扣式碱锰电池 90 亿只、白炽灯 6 亿只、酒精 100 万 t、味精 12 万 t、柠檬酸 5 万 t 的产能。

6. 安全质量全面提高。完善轻工业标准体系，制定、修订国家和行业标准 1 000 项。生产企业资质合格，内部管理制度完善，规模以上食品生产企业普遍按照 GMP（优良制造标准）要求组织生产。质量安全保障机制更加健全，产品质量全部符合法律法规以及相关标准的要求。

三、产业调整和振兴的主要任务

（一）稳定国内外市场

1. 促进国内消费。总结"家电下乡"的试点经验，完善农村家电物流、销售、维修体系，切实做好"家电下乡"工作。加快皮革、家具、五金、家电、塑料、文体用品、缝制机械、制糖等行业重点专业市场建设，进一步发挥专业流通市场的作用。指导工商企业开展深度合作，加快市场需求信息传导，鼓励商贸企业扩大采购和销售轻工产品的规模。

2. 增加有效供给。丰富产品花色品种，研发生产满足多层次消费需求的产品。生产与安居工程、新农村建设、教育医疗、灾后重建、农村基础设施、交通设施以及放心粮油进农村、进社区示范工程等相配套的轻工产品。开发个性化的文体用品及特色旅游休闲产品。积极发展少数民族特需用品。

3．稳定和开拓国际市场。积极应对贸易摩擦，巩固美国、欧洲、日本等传统国际市场；实施出口多元化战略，积极开拓中东、俄罗斯、非洲、北欧、东南亚、西亚等新兴市场。一是支持骨干企业通过多种方式"走出去"，在主要销售市场设立物流中心和分销中心。二是建立经贸合作区，积极推进海外工业园区和经贸合作区建设。三是继续支持外贸专业市场建设，建设针对东南亚、中亚、东北亚等地区的轻工产品边境贸易专业市场，在中东、北欧、俄罗斯等有条件的地区组建中国轻工产品贸易中心，加强对外宣传，方便货物、人员出入境。四是发挥加工贸易作用，支持企业扩大加工贸易。

4．健全外贸服务体系。建立轻工出口产品国内外技术法规、标准管理服务平台和培训体系，以及质量安全案例通报、退货核查、预警和应急处理系统，提高企业质量管理水平，维护中国产品形象。简化轻工产品出口通关、检验手续，降低相关收费标准，提高通关效率，促进贸易便利化。

（二）增强自主创新能力

1．提高重点装备自主化水平。在引进消化吸收再创新的基础上，突破重点装备关键技术，加快装备自主化。造纸装备重点发展大幅宽、高车速造纸成套设备。食品装备重点发展新型绿色分离设备、节能高效蒸发浓缩设备、高速和无菌罐装设备、膜式错流过滤机、高速吹瓶设备等，自主化率由40%提高到60%。塑料成型装备重点发展全闭环伺服驱动、电磁感应加热和多层共挤技术的挤出设备。工业缝制装备重点发展电控高速多头多功能刺绣机、电控裁剪整烫设备，光机电一体化设备比重由10%提高到50%，生产效率提高40%。

2．推进关键技术创新与产业化。采取产学研结合模式，支持农用新型塑料材料、变频空调压缩机、高效节能节材型冰箱压缩机、隧道式大型连续洗涤机组、糖能联产、新型节能环保光源、新型微生物高浓废水处理复合材料、特色功能表面活性剂、新能源电池、污染物减排与废弃物资源化利用等关键技术、设备的创新与产业化。建立重点行业公共技术创新服务平台，建立粮油、电池、皮革行业国家工程技术研究中心，建立造纸、发酵、酿酒、制糖及皮革技术创新联盟。

3．做好公共服务。完善轻工业特色区域和产业集群公共服务平台建设，为企业提供信息、技术开发、技术咨询、产品设计与开发、成果推广、产品检测、人才培训等服务。

（三）加快实施技术改造

1. 提升行业总体技术水平。支持造纸行业应用深度脱木素、无元素氯漂白、中高浓等技术和全自动控制系统进行技术改造；支持家电行业电冰箱、空调器、洗衣机等关键部件生产线升级改造，实现高端及高效节能电冰箱、空调器、洗衣机等产品的产业化；支持塑料行业绿色塑料建材、多功能宽幅农膜生产技术升级；支持表面活性剂行业推广应用绿色表面活性剂，实现绿色功能性产品产业化；支持五金行业传统加工工艺及设备升级，提高制造水平。

2. 推进企业节能减排。重点对食品、造纸、电池、皮革等行业实施节能减排技术改造。食品行业加快应用新型清洁生产和综合利用技术。造纸行业加快应用清洁生产、非木浆碱回收、污水处理、沼气发电技术，推广污染物排放在线监测系统。电池行业重点推广无汞扣式碱锰电池技术，普通锌锰电池实现无汞、无铅、无镉化，锂离子电池替代镉镍电池。皮革行业加快推广保毛脱毛、无灰浸灰、生态鞣制等清洁生产技术和固体废物资源化利用技术。编制重点行业清洁生产推广规划，支持重点行业企业实施循环经济示范工程；推广《国家重点节能技术推广目录（第一批）》中的轻工行业节能技术；支持食品、造纸、电池、皮革行业节能减排计量统计监测体系软硬件建设。

3. 调整产品结构。支持发展市场短缺产品，优化产品结构，提高自给率。支持农副产品深加工，重点推进油料品种多元化，实施高效、低耗、绿色生产，促进油料作物转化增值和深度开发，新增花生油 100 万 t、菜籽油 100 万 t、棉籽油50 万 t、特色油脂 100 万 t 产能，保障食用植物油供给安全；继续实施《全国林纸一体化工程建设"十五"及 2010 年专项规划》，加快重点项目建设，新增木浆 220万 t、竹浆 30 万 t 产能，提高国产木浆比重，推动林纸一体化发展。

（四）实施食品加工安全专项

1. 大力整顿食品加工企业。对全国食品加工企业在生产许可、市场准入、产品标准、质量安全管理方面逐项检查，坚决取缔无卫生许可证、无营业执照、无食品生产许可证的非法生产加工企业，严肃查处有证企业生产不合格产品、非法进出口等违法行为，严厉打击制售假冒伪劣食品、使用非食品原料和回收食品生产加工食品的违法行为。

2. 全面清理食品添加剂和非法添加物。深入开展食品添加剂、非法添加物专项检查和清理工作，按照《食品添加剂使用卫生标准》（GB 2760—2007），理清并发布违法添加的非食用物质和易被滥用的食品添加剂名单，规范食品添加剂安全使用。

3．加强食品安全监测能力建设。督促粮油、肉及肉制品、乳制品、食品添加剂、饮料、罐头、酿酒、发酵、制糖、焙烤等行业重点企业，增加原料检验、生产过程动态监测、产品出厂检测等先进检验装备，特别是快速检验和在线检测设备。完善企业内部质量控制、监测系统和食品质量可追溯体系。

4．提高食品行业准入门槛。明确食品加工企业在原料基地、管理规范、生产操作规程、产品执行标准、质量控制体系等方面的必备条件，加快制定和修订乳制品、肉及肉制品、水产品、粮食、油料、果蔬等重点食品加工行业产业政策和行业准入标准。

5．建立健全食品召回及退市制度。建立和完善不合格食品主动召回、责令召回及退市制度，建立食品召回中心，明确食品召回范围、召回级别等具体规定，使食品召回及退市制度切实可行。健全食品质量安全申诉投诉处理体系，加强申诉投诉处理管理。

6．加强食品工业企业诚信体系建设。通过政府指导、行业组织推动和企业自律，加快建立以法律法规为准绳、社会道德为基础、企业自律为重点、社会监督为约束、诚信效果可评价、诚信奖惩有制度的食品工业企业诚信体系。制定食品工业企业诚信体系建设指导意见，开展食品企业诚信体系建设试点工作。跟踪评价食品工业企业诚信体系建设指导意见贯彻实施情况，及时修改完善相关规范和标准。

（五）加强自主品牌建设

1．支持优势品牌企业跨地区兼并重组、技术改造和创新能力建设，推动产业整合，提高产业集中度，增强品牌企业实力。引导企业开拓国际市场，通过国际参展、广告宣传、质量认证、公共服务平台等多种形式和渠道，提高自主品牌的知名度和竞争力。

2．支持国内有实力的企业"走出去"，实施本地化生产，拓展国际市场，扩大产品覆盖面，提高品牌影响力。

3．完善认证和检测制度，积极开展与主要贸易伙伴国多层面的交流与合作，提高国际社会对我国检测、认证结果的认可度，树立自主品牌国际形象。

4．加强自主品牌保护，加大宣传力度，增强企业和全社会保护自主知名品牌的意识和责任感。

（六）推动产业有序转移

1．结合优化区域布局，鼓励具有资源优势等条件的地区充分总结和借鉴产业集群发展经验，改善建设条件和经营环境，积极承接产业转移，着力培育发展轻工业特色区域和产业集群。

2．根据行业特点和发展要求推进产业转移。推动冰箱、空调、洗衣机等家电行业重点产品的研发、制造、集散，逐步由珠三角、长三角和环渤海等地区向本区域内有条件地区和中西部地区转移；引导制革和制鞋行业集中的东部沿海地区，利用其优势重点从事研发、设计和贸易，将生产加工向具备资源优势的地区转移；推进陶瓷和发酵行业向有原料优势、能源丰富的地区转移。

同时，产业转移过程中要严格遵守环境保护法律法规，杜绝产业转移成为"污染转移"。

（七）提高产品质量水平

1．建立产品质量安全保障机制。一是切实贯彻《中华人民共和国产品质量法》，严格市场准入制度和产品质量监督抽查制度，加快建立质量安全风险监测、预警、信息通报、快速处置以及产品追溯、召回和退市制度，严惩质量违法违规企业。二是落实企业对产品质量安全的主体责任，严格执行产品质量标准，全面加强质量管理，从原料采购、生产加工、出厂检验等环节控制产品质量，确保产品质量符合标准要求。三是建立规范的企业质量信用评价制度和产品质量信用记录发布制度，加强行业自律。四是完善国家产品质量检测技术服务平台，提高检测装备水平。

2．加快行业标准制订和修订工作。制定食品添加剂、肉品、酿酒、乳制品、饮料、家具、装饰装修材料等行业新标准450项，其中食品添加剂等国家标准70项，家具和装饰装修材料等行业国家标准150项。修订塑料、五金、皮革、洗涤用品、饮料等行业标龄超过5年的标准550项。完善家电、造纸、塑料、照明电器、五金、皮革等重点行业的安全标准、基础通用标准、重点产品标准和检测方法标准。制定和修订塑料降解、制浆造纸、皮革鞣制、电池回收等资源节约与环境保护方面的标准，完善相应的技术标准体系。

（八）加强企业自身管理

加大法律宣传力度，加强企业自律，全面提高企业素质，增强企业守法经营意识和社会责任感。深化企业改革，加快现代企业制度建设，完善公司治理结构，提高企业管理的科学性。树立现代管理理念，加强企业管理，提高经营决策、产品设计、资源配置、产品生产、质量管理、市场开拓等水平，增强对市场需求的快速反应能力，努力开发适销对路产品，通过管理提高效益。重视人才培训，提高员工素质，合理配置人力资源。

（九）切实淘汰落后产能

建立产业退出机制，明确淘汰标准，量化淘汰指标，加大淘汰力度。力争三年内淘汰一批技术装备落后、资源能源消耗高、环保不达标的落后产能。造纸行业重点淘汰年产 3.4 万 t 以下草浆生产装置和年产 1.7 万 t 以下化学制浆生产线，关闭排放不达标、年产 1 万 t 以下以废纸为原料的造纸厂。食品行业重点淘汰年产 3 万 t 以下酒精、味精生产工艺及装置。皮革行业重点淘汰年加工 3 万标张以下的生产线。家电行业重点淘汰以氯氟烃为发泡剂或制冷剂的冰箱、冰柜、汽车空调器等产能和低能效产品产能。电池行业重点淘汰汞含量高于 1×10^{-6} 的圆柱形碱锰电池和汞含量高于 5×10^{-6} 的扣式碱锰电池。加快实施节能灯替代，淘汰 6 亿只白炽灯产能。

四、政策措施

（一）进一步扩大"家电下乡"补贴品种。根据农民意愿和行业发展要求，将微波炉和电磁炉纳入"家电下乡"补贴范围，并将每类产品每户只能购买一台的限制放宽到两台。中央财政加大对民族地区和地震重灾区的支持力度。

（二）提高部分轻工产品出口退税率。进一步提高部分不属于"两高一资"的轻工产品的出口退税率，加快出口退税进度，确保及时足额退税。

（三）调整加工贸易目录。继续禁止"两高一资"产品加工贸易。对符合国家产业政策和宏观调控要求，不属于高耗能、高污染的产品，取消加工贸易禁止。对部分劳动密集型产品以及技术含量较高、环保节能的产品，取消加工贸易限制。对全部使用进口资源且生产过程中污染和能耗较低的产品，允许开展加工贸易。

（四）解决涉农产品收储问题。进一步扩大食糖国家储备。鼓励地方政府采取流动资金贷款贴息等措施，支持企业收储纸浆及纸、浓缩苹果汁等涉农产品，缓解产品销售不畅、积压严重的状况。

（五）加强技术创新和技术改造。支持重点装备自主化、关键技术创新与产业化，支持提高重点行业技术装备水平、推进节能减排、强化食品加工安全以及自主品牌建设等。

（六）加大金融支持力度。尽快落实《国务院办公厅关于当前金融促进经济发展的若干意见》（国办发[2008]126 号），鼓励金融机构加大对轻工企业信贷支持力度，对一些基本面较好、带动就业明显、信用记录较好但暂时出现经营困难的企业给予信贷支持，允许将到期的贷款适当展期；简化税务部门审核金融机构呆账核销手续和程序，对中小企业贷款实行税前全额拨备损失准备金；支持符合条件的企业发行公司债券、企业债券、中小企业集合债券、短期融资券等，拓展企业融资渠道；中央和地方财政要加大对资质好、管理规范的中小企业信用担保机构的支持力度，鼓励担保机构为中小型轻工企业提供信用担保和融资服务；利用出口信贷、出口信用保险等金融工具，帮助轻工企业便利贸易融资，防范国际贸易风险。鼓励保险公司开展产品质量保险和出口信用保险，为轻工企业提供风险保障。建立和完善中央集中式的、以互联网为基础的动产和权利担保登记中心，简化登记手续，降低登记收费，落实债权人的担保权益。

（七）大力扶持中小企业。现有支持中小企业发展的专项资金（基金）等向轻工企业倾斜，中央外贸发展基金加大对符合条件的轻工企业巩固和开拓国外市场的支持力度；按照有关规定，对中小型轻工企业实施缓缴社会保险费或降低相关社会保险费率等政策。

（八）加强产业政策引导。尽快研究制定发酵、粮油、皮革、电池、照明电器、日用玻璃、农膜等产业政策以及准入条件，研究完善重污染企业和落后产能退出机制，适时调整《产业结构调整指导目录》和《外商投资产业指导目录》。环保、土地、信贷、工商登记等相关政策要与产业政策相互衔接配合，充分体现有保有压的调控作用。

（九）鼓励兼并重组和淘汰落后。认真落实有关兼并重组的政策，在流动资金、债务核定、职工安置等方面给予支持；对于实施兼并重组企业的技术创新、技术改造给予优先支持。各级政府要加大轻工业重点行业淘汰落后产能力度，解决好职工安置、企业转产、债务化解等问题，促进社会和谐稳定。

（十）发挥行业协会作用。充分发挥行业协会在产业发展、技术进步、标准制定、贸易促进、行业准入和公共服务等方面的作用。建立轻工业经济运行及预测预警信息平台，及时反映行业情况和问题，引导企业落实产业政策，加强行业自律。

五、规划实施

国务院有关部门要按照《规划》分工，尽快制定完善相关政策措施，加强沟通，密切配合，确保《规划》顺利实施。要适时开展《规划》的后评价工作，及时提出评价意见。

各地区要按照《规划》确定的目标、任务和政策措施，结合当地实际抓紧制定具体落实方案，确保取得实效。具体工作方案和实施过程中出现的新情况、新问题要及时报送发展改革委、工业和信息化部等有关部门。

附录 5-4 国务院关于印发节能减排综合性工作方案的通知

国务院关于印发节能减排综合性工作方案的通知

（国务院 2007 年 6 月 3 日）

各省、自治区、直辖市人民政府，国务院各部委、各直属机构：

国务院同意发展改革委会同有关部门制定的《节能减排综合性工作方案》（以下简称《方案》），现印发给你们，请结合本地区、本部门实际，认真贯彻执行。

一、充分认识节能减排工作的重要性和紧迫性

《中华人民共和国国民经济和社会发展第十一个五年规划纲要》提出了"十一五"期间单位国内生产总值能耗降低 20%左右，主要污染物排放总量减少 10%的约束性指标。这是贯彻落实科学发展观，构建社会主义和谐社会的重大举措；是建设资源节约型、环境友好型社会的必然选择；是推进经济结构调整，转变增长方式的必由之路；是提高人民生活质量，维护中华民族长远利益的必然要求。

当前，实现节能减排目标面临的形势十分严峻。去年以来，全国上下加强了节能减排工作，国务院发布了加强节能工作的决定，制定了促进节能减排的一系列政策措施，各地区、各部门相继做出了工作部署，节能减排工作取得了积极进展。但是，去年全国没有实现年初确定的节能降耗和污染减排的目标，加大了"十一五"后四年节能减排工作的难度。更为严峻的是，今年一季度，工业特别是高耗能、高污染行业增长过快，占全国工业能耗和二氧化硫排放近 70%的电力、钢铁、有色、建材、石油加工、化工等六大行业增长 20.6%，同比加快 6.6 个百分点。与此同时，各方面工作仍存在认识不到位、责任不明确、措施不配套、政策不完善、投入不落实、协调不得力等问题。这种状况如不及时扭转，不仅今年节能减排工作难以取得明显进展，"十一五"节能减排的总体目标也将难以实现。

我国经济快速增长，各项建设取得巨大成就，但也付出了巨大的资源和环境代价，经济发展与资源环境的矛盾日趋尖锐，群众对环境污染问题反应强烈。这种状况与经济结构不合理、增长方式粗放直接相关。不加快调整经济结构、转变增长方式，资源支撑不住，环境容纳不下，社会承受不起，经济发展难以为继。只有坚持节约发展、清洁发展、安全发展，才能实现经济又好又快发展。同时，温室气体排放引起全球气候变暖，备受国际社会广泛关注。进一步加强节能减排

工作，也是应对全球气候变化的迫切需要，是我们应该承担的责任。

各地区、各部门要充分认识节能减排的重要性和紧迫性，真正把思想和行动统一到中央关于节能减排的决策和部署上来。要把节能减排任务完成情况作为检验科学发展观是否落实的重要标准，作为检验经济发展是否"好"的重要标准，正确处理经济增长速度与节能减排的关系，真正把节能减排作为硬任务，使经济增长建立在节约能源资源和保护环境的基础上。要采取果断措施，集中力量，迎难而上，扎扎实实地开展工作，力争通过今明两年的努力，实现节能减排任务完成进度与"十一五"规划实施进度保持同步，为实现"十一五"节能减排目标打下坚实基础。

二、狠抓节能减排责任落实和执法监管

发挥政府主导作用。各级人民政府要充分认识到节能减排约束性指标是强化政府责任的指标，实现这个目标是政府对人民的庄严承诺，必须通过合理配置公共资源，有效运用经济、法律和行政手段，确保实现。当务之急，是要建立健全节能减排工作责任制和问责制，一级抓一级，层层抓落实，形成强有力的工作格局。地方各级人民政府对本行政区域节能减排负总责，政府主要领导是第一责任人。要在科学测算的基础上，把节能减排各项工作目标和任务逐级分解到各市（地）、县和重点企业。要强化政策措施的执行力，加强对节能减排工作进展情况的考核和监督，国务院有关部门定期公布各地节能减排指标完成情况，进行统一考核。要把节能减排作为当前宏观调控重点，作为调整经济结构，转变增长方式的突破口和重要抓手，坚决遏制高耗能、高污染产业过快增长，坚决压缩城市形象工程和党政机关办公楼等楼堂馆所建设规模，切实保证节能减排、保障民生等工作所需资金投入。要把节能减排指标完成情况纳入各地经济社会发展综合评价体系，作为政府领导干部综合考核评价和企业负责人业绩考核的重要内容，实行"一票否决"制。要加大执法和处罚力度，公开严肃查处一批严重违反国家节能管理和环境保护法律法规的典型案件，依法追究有关人员和领导者的责任，起到警醒教育作用，形成强大声势。省级人民政府每年要向国务院报告节能减排目标责任的履行情况。国务院每年向全国人民代表大会报告节能减排的进展情况，在"十一五"期末报告这五年两个指标的总体完成情况。地方各级人民政府每年也要向同级人民代表大会报告节能减排工作，自觉接受监督。

强化企业主体责任。企业必须严格遵守节能和环保法律法规及标准，落实目标责任，强化管理措施，自觉节能减排。对重点用能单位加强经常监督，凡与政府有关部门签订节能减排目标责任书的企业，必须确保完成目标；对没有完成节

能减排任务的企业，强制实行能源审计和清洁生产审核。坚持"谁污染、谁治理"，对未按规定建设和运行污染减排设施的企业和单位，公开通报，限期整改，对恶意排污的行为实行重罚，追究领导和直接责任人员的责任，构成犯罪的依法移送司法机关。同时，要加强机关单位、公民等各类社会主体的责任，促使公民自觉履行节能和环保义务，形成以政府为主导、企业为主体、全社会共同推进的节能减排工作格局。

三、建立强有力的节能减排领导协调机制

为加强对节能减排工作的组织领导，国务院成立节能减排工作领导小组。领导小组的主要任务是，部署节能减排工作，协调解决工作中的重大问题。领导小组办公室设在发展改革委，负责承担领导小组的日常工作，其中有关污染减排方面的工作由环保总局负责。地方各级人民政府也要切实加强对本地区节能减排工作的组织领导。

国务院有关部门要切实履行职责，密切协调配合，尽快制定相关配套政策措施和落实意见。各省级人民政府要立即部署本地区推进节能减排的工作，明确相关部门的责任、分工和进度要求。各地区、各部门和中央企业要在 2007 年 6 月 30 日前，提出本地区、本部门和本企业贯彻落实的具体方案并报领导小组办公室汇总后报国务院。领导小组办公室要会同有关部门加强对节能减排工作的指导协调和监督检查，重大情况及时向国务院报告。

节能减排综合性工作方案

一、进一步明确实现节能减排的目标任务和总体要求

（一）主要目标

到 2010 年，万元国内生产总值能耗由 2005 年的 1.22 t 标准煤下降到 1 t 标准煤以下，降低 20%左右；单位工业增加值用水量降低 30%。"十一五"期间，主要污染物排放总量减少 10%，到 2010 年，二氧化硫排放量由 2005 年的 2 549 万 t 减少到 2 295 万 t，化学需氧量（COD）由 1 414 万 t 减少到 1 273 万 t；全国设市城市污水处理率不低于 70%，工业固体废物综合利用率达到 60%以上。

（二）总体要求

以邓小平理论和"三个代表"重要思想为指导，全面贯彻落实科学发展观，加快建设资源节约型、环境友好型社会，把节能减排作为调整经济结构、转变增

长方式的突破口和重要抓手，作为宏观调控的重要目标，综合运用经济、法律和必要的行政手段，控制增量、调整存量，依靠科技、加大投入，健全法制、完善政策，落实责任、强化监管，加强宣传、提高意识，突出重点、强力推进，动员全社会力量，扎实做好节能降耗和污染减排工作，确保实现节能减排约束性指标，推动经济社会又好又快发展。

二、控制增量，调整和优化结构

（三）控制高耗能、高污染行业过快增长

严格控制新建高耗能、高污染项目。严把土地、信贷两个闸门，提高节能环保市场准入门槛。抓紧建立新开工项目管理的部门联动机制和项目审批问责制，严格执行项目开工建设"六项必要条件"（必须符合产业政策和市场准入标准、项目审批核准或备案程序、用地预审、环境影响评价审批、节能评估审查以及信贷、安全和城市规划等规定和要求）。实行新开工项目报告和公开制度。建立高耗能、高污染行业新上项目与地方节能减排指标完成进度挂钩、与淘汰落后产能相结合的机制。落实限制高耗能、高污染产品出口的各项政策。继续运用调整出口退税、加征出口关税、削减出口配额、将部分产品列入加工贸易禁止类目录等措施，控制高耗能、高污染产品出口。加大差别电价实施力度，提高高耗能、高污染产品差别电价标准。组织对高耗能、高污染行业节能减排工作专项检查，清理和纠正各地在电价、地价、税费等方面对高耗能、高污染行业的优惠政策。

（四）加快淘汰落后生产能力

加大淘汰电力、钢铁、建材、电解铝、铁合金、电石、焦炭、煤炭、平板玻璃等行业落后产能的力度。"十一五"期间实现节能 1.18 亿 t 标准煤，减排二氧化硫 240 万 t；今年实现节能 3 150 万 t 标准煤，减排二氧化硫 40 万 t。加大造纸、酒精、味精、柠檬酸等行业落后生产能力淘汰力度，"十一五"期间实现减排化学需氧量（COD）138 万 t，今年实现减排 COD 62 万 t（详见附表）。制定淘汰落后产能分地区、分年度的具体工作方案，并认真组织实施。对不按期淘汰的企业，地方各级人民政府要依法予以关停，有关部门依法吊销生产许可证和排污许可证并予以公布，电力供应企业依法停止供电。对没有完成淘汰落后产能任务的地区，严格控制国家安排投资的项目，实行项目"区域限批"。国务院有关部门每年向社会公告淘汰落后产能的企业名单和各地执行情况。建立落后产能退出机制，有条件的地方要安排资金支持淘汰落后产能，中央财政通过增加转移支付，对经济欠发达地区给予适当补助和奖励。

（五）完善促进产业结构调整的政策措施

进一步落实促进产业结构调整暂行规定。修订《产业结构调整指导目录》，鼓励发展低能耗、低污染的先进生产能力。根据不同行业情况，适当提高建设项目在土地、环保、节能、技术、安全等方面的准入标准。尽快修订颁布《外商投资产业指导目录》，鼓励外商投资节能环保领域，严格限制高耗能、高污染外资项目，促进外商投资产业结构升级。调整《加工贸易禁止类商品目录》，提高加工贸易准入门槛，促进加工贸易转型升级。

（六）积极推进能源结构调整

大力发展可再生能源，抓紧制定出台可再生能源中长期规划，推进风能、太阳能、地热能、水电、沼气、生物质能利用以及可再生能源与建筑一体化的科研、开发和建设，加强资源调查评价。稳步发展替代能源，制定发展替代能源中长期规划，组织实施生物燃料乙醇及车用乙醇汽油发展专项规划，启动非粮生物燃料乙醇试点项目。实施生物化工、生物质能固体成型燃料等一批具有突破性带动作用的示范项目。抓紧开展生物柴油基础性研究和前期准备工作。推进煤炭直接和间接液化、煤基醇醚和烯烃代油大型台套示范工程和技术储备。大力推进煤炭洗选加工等清洁高效利用。

（七）促进服务业和高技术产业加快发展

落实《国务院关于加快发展服务业的若干意见》，抓紧制定实施配套政策措施，分解落实任务，完善组织协调机制。着力做强高技术产业，落实高技术产业发展"十一五"规划，完善促进高技术产业发展的政策措施。提高服务业和高技术产业在国民经济中的比重和水平。

三、加大投入，全面实施重点工程

（八）加快实施十大重点节能工程

着力抓好十大重点节能工程，"十一五"期间形成 2.4 亿 t 标准煤的节能能力。今年形成 5 000 万 t 标准煤节能能力，重点是：实施钢铁、有色、石油石化、化工、建材等重点耗能行业余热余压利用、节约和替代石油、电机系统节能、能量系统优化，以及工业锅炉（窑炉）改造项目共 745 个；加快核准建设和改造采暖供热为主的热电联产和工业热电联产机组 1 630 万 kW；组织实施低能耗、绿色建筑示范项目 30 个，推动北方采暖区既有居住建筑供热计量及节能改造 1.5 亿 m^2，开展大型公共建筑节能运行管理与改造示范，启动 200 个可再生能源在建筑中规模化应用示范推广项目；推广高效照明产品 5 000 万支，中央国家机关率先更换节能灯。

（九）加快水污染治理工程建设

"十一五"期间新增城市污水日处理能力 4 500 万 t、再生水日利用能力 680 万 t，形成 COD 削减能力 300 万 t；今年设市城市新增污水日处理能力 1 200 万 t，再生水日利用能力 100 万 t，形成 COD 削减能力 60 万 t。加大工业废水治理力度，"十一五"形成 COD 削减能力 140 万 t。加快城市污水处理配套管网建设和改造。严格饮用水水源保护，加大污染防治力度。

（十）推动燃煤电厂二氧化硫治理

"十一五"期间投运脱硫机组 3.55 亿 kW。其中，新建燃煤电厂同步投运脱硫机组 1.88 亿 kW；现有燃煤电厂投运脱硫机组 1.67 亿 kW，形成削减二氧化硫能力 590 万 t。今年现有燃煤电厂投运脱硫设施 3 500 万 kW，形成削减二氧化硫能力 123 万 t。

（十一）多渠道筹措节能减排资金

十大重点节能工程所需资金主要靠企业自筹、金融机构贷款和社会资金投入，各级人民政府安排必要的引导资金予以支持。城市污水处理设施和配套管网建设的责任主体是地方政府，在实行城市污水处理费最低收费标准的前提下，国家对重点建设项目给予必要的支持。按照"谁污染、谁治理，谁投资、谁受益"的原则，促使企业承担污染治理责任，各级人民政府对重点流域内的工业废水治理项目给予必要的支持。

四、创新模式，加快发展循环经济

（十二）深化循环经济试点

认真总结循环经济第一批试点经验，启动第二批试点，支持一批重点项目建设。深入推进浙江、青岛等地废旧家电回收处理试点。继续推进汽车零部件和机械设备再制造试点。推动重点矿山和矿业城市资源节约和循环利用。组织编制钢铁、有色、煤炭、电力、化工、建材、制糖等重点行业循环经济推进计划。加快制定循环经济评价指标体系。

（十三）实施水资源节约利用

加快实施重点行业节水改造及矿井水利用重点项目。"十一五"期间实现重点行业节水 31 亿 m^3，新增海水淡化能力 90 万 m^3/d，新增矿井水利用量 26 亿 m^3；今年实现重点行业节水 10 亿 m^3，新增海水淡化能力 7 万 m^3/d，新增矿井水利用量 5 亿 m^3。在城市强制推广使用节水器具。

（十四）推进资源综合利用

落实《"十一五"资源综合利用指导意见》，推进共伴生矿产资源综合开发利用和煤层气、煤矸石、大宗工业废弃物、秸秆等农业废弃物综合利用。"十一五"期间建设煤矸石综合利用电厂2 000万kW，今年开工建设500万kW。推进再生资源回收体系建设试点。加强资源综合利用认定。推动新型墙体材料和利废建材产业化示范。修订发布新型墙体材料目录和专项基金管理办法。推进第二批城市禁止使用实心黏土砖，确保2008年年底前256个城市完成"禁实"目标。

（十五）促进垃圾资源化利用

县级以上城市（含县城）要建立健全垃圾收集系统，全面推进城市生活垃圾分类体系建设，充分回收垃圾中的废旧资源，鼓励垃圾焚烧发电和供热、填埋气体发电，积极推进城乡垃圾无害化处理，实现垃圾减量化、资源化和无害化。

（十六）全面推进清洁生产

组织编制《工业清洁生产审核指南编制通则》，制定和发布重点行业清洁生产标准和评价指标体系。加大实施清洁生产审核力度。合理使用农药、肥料，减少农村面源污染。

五、依靠科技，加快技术开发和推广

（十七）加快节能减排技术研发

在国家重点基础研究发展计划、国家科技支撑计划和国家高技术发展计划等科技专项计划中，安排一批节能减排重大技术项目，攻克一批节能减排关键和共性技术。加快节能减排技术支撑平台建设，组建一批国家工程实验室和国家重点实验室。优化节能减排技术创新与转化的政策环境，加强资源环境高技术领域创新团队和研发基地建设，推动建立以企业为主体、产学研相结合的节能减排技术创新与成果转化体系。

（十八）加快节能减排技术产业化示范和推广

实施一批节能减排重点行业共性、关键技术及重大技术装备产业化示范项目和循环经济高技术产业化重大专项。落实节能、节水技术政策大纲，在钢铁、有色、煤炭、电力、石油石化、化工、建材、纺织、造纸、建筑等重点行业，推广一批潜力大、应用面广的重大节能减排技术。加强节电、节油农业机械和农产品加工设备及农业节水、节肥、节药技术推广。鼓励企业加大节能减排技术改造和技术创新投入，增强自主创新能力。

（十九）加快建立节能技术服务体系

制定出台《关于加快发展节能服务产业的指导意见》，促进节能服务产业发展。培育节能服务市场，加快推行合同能源管理，重点支持专业化节能服务公司为企业以及党政机关办公楼、公共设施和学校实施节能改造提供诊断、设计、融资、改造、运行管理一条龙服务。

（二十）推进环保产业健康发展

制定出台《加快环保产业发展的意见》，积极推进环境服务产业发展，研究提出推进污染治理市场化的政策措施，鼓励排污单位委托专业化公司承担污染治理或设施运营。

（二十一）加强国际交流合作

广泛开展节能减排国际科技合作，与有关国际组织和国家建立节能环保合作机制，积极引进国外先进节能环保技术和管理经验，不断拓宽节能环保国际合作的领域和范围。

六、强化责任，加强节能减排管理

（二十二）建立政府节能减排工作问责制

将节能减排指标完成情况纳入各地经济社会发展综合评价体系，作为政府领导干部综合考核评价和企业负责人业绩考核的重要内容，实行问责制和"一票否决"制。有关部门要抓紧制定具体的评价考核实施办法。

（二十三）建立和完善节能减排指标体系、监测体系和考核体系

对全部耗能单位和污染源进行调查摸底。建立健全涵盖全社会的能源生产、流通、消费、区域间流入流出及利用效率的统计指标体系和调查体系，实施全国和地区单位 GDP 能耗指标季度核算制度。建立并完善年耗能万吨标准煤以上企业能耗统计数据网上直报系统。加强能源统计巡查，对能源统计数据进行监测。制定并实施主要污染物排放统计和监测办法，改进统计方法，完善统计和监测制度。建立并完善污染物排放数据网上直报系统和减排措施调度制度，对国家监控重点污染源实施联网在线自动监控，构建污染物排放三级立体监测体系，向社会公告重点监控企业年度污染物排放数据。继续做好单位 GDP 能耗、主要污染物排放量和工业增加值用水量指标公报工作。

（二十四）建立健全项目节能评估审查和环境影响评价制度

加快建立项目节能评估和审查制度，组织编制《固定资产投资项目节能评估和审查指南》，加强对地方开展"能评"，工作的指导和监督。把总量指标作为环评审批的前置性条件。上收部分高耗能、高污染行业环评审批权限。对超过总量指标、重点项目未达到目标责任要求的地区，暂停环评审批新增污染物排放的建设项目。强化环评审批向上级备案制度和向社会公布制度。加强"三同时"管理，严把项目验收关。对建设项目未经验收擅自投运、久拖不验、超期试生产等违法行为，严格依法进行处罚。

（二十五）强化重点企业节能减排管理

"十一五"期间全国千家重点耗能企业实现节能 1 亿 t 标准煤，今年实现节能 2 000 万 t 标准煤。加强对重点企业节能减排工作的检查和指导，进一步落实目标责任，完善节能减排计量和统计，组织开展节能减排设备检测，编制节能减排规划。重点耗能企业建立能源管理师制度。实行重点耗能企业能源审计和能源利用状况报告及公告制度，对未完成节能目标责任任务的企业，强制实行能源审计。今年要启动重点企业与国际国内同行业能耗先进水平对标活动，推动企业加大结构调整和技术改造力度，提高节能管理水平。中央企业全面推进创建资源节约型企业活动，推广典型经验和做法。

（二十六）加强节能环保发电调度和电力需求侧管理

制定并尽快实施有利于节能减排的发电调度办法，优先安排清洁、高效机组和资源综合利用发电，限制能耗高、污染重的低效机组发电。今年上半年启动试点，取得成效后向全国推广，力争节能 2 000 万 t 标准煤，"十一五"期间形成 6 000 万 t 标准煤的节能能力。研究推行发电权交易，逐年削减小火电机组发电上网小时数，实行按边际成本上网竞价。抓紧制定电力需求侧管理办法，规范有序用电，开展能效电厂试点，研究制定配套政策，建立长效机制。

（二十七）严格建筑节能管理大力推广节能省地环保型建筑

强化新建建筑执行能耗限额标准全过程监督管理，实施建筑能效专项测评，对达不到标准的建筑，不得办理开工和竣工验收备案手续，不准销售使用；从 2008 年起，所有新建商品房销售时在买卖合同等文件中要载明耗能量、节能措施等信息。建立并完善大型公共建筑节能运行监管体系。深化供热体制改革，实行供热计量收费。今年着力抓好新建建筑施工阶段执行能耗限额标准的监管工作，北方地区地级以上城市完成采暖费补贴"暗补"变"明补"改革，在 25 个示范省市建立大型公共建筑能耗统计、能源审计、能效公示、能耗定额制度，实现节能 1 250 万 t 标准煤。

（二十八）强化交通运输节能减排管理

优先发展城市公共交通，加快城市快速公交和轨道交通建设。控制高耗油、高污染机动车发展，严格执行乘用车、轻型商用车燃料消耗量限值标准，建立汽车产品燃料消耗量申报和公示制度；严格实施国家第三阶段机动车污染物排放标准和船舶污染物排放标准，有条件的地方要适当提高排放标准，继续实行财政补贴政策，加快老旧汽车报废更新。公布实施新能源汽车生产准入管理规则，推进替代能源汽车产业化。运用先进科技手段提高运输组织管理水平，促进各种运输方式的协调和有效衔接。

（二十九）加大实施能效标识和节能节水产品认证管理力度

加快实施强制性能效标识制度，扩大能效标识应用范围，今年发布《实行能效标识产品目录（第三批）》。加强对能效标识的监督管理，强化社会监督、举报和投诉处理机制，开展专项市场监督检查和抽查，严厉查处违法违规行为。推动节能、节水和环境标志产品认证，规范认证行为，扩展认证范围，在家用电器、照明等产品领域建立有效的国际协调互认制度。

（三十）加强节能环保管理能力建设

建立健全节能监管监察体制，整合现有资源，加快建立地方各级节能监察中心，抓紧组建国家节能中心。建立健全国家监察、地方监管、单位负责的污染减排监管体制。积极研究完善环保管理体制机制问题。加快各级环境监测和监察机构标准化、信息化体系建设。扩大国家重点监控污染企业实行环境监督员制度试点。加强节能监察、节能技术服务中心及环境监测站、环保监察机构、城市排水监测站的条件建设，适时更新监测设备和仪器，开展人员培训。加强节能减排统计能力建设，充实统计力量，适当加大投入。充分发挥行业协会、学会在节能减排工作中的作用。

七、健全法制，加大监督检查执法力度

（三十一）健全法律法规

加快完善节能减排法律法规体系，提高处罚标准，切实解决"违法成本低、守法成本高"的问题。积极推动节约能源法、循环经济法、水污染防治法、大气污染防治法等法律的制定及修订工作。加快民用建筑节能、废旧家用电器回收处理管理、固定资产投资项目节能评估和审查管理、环保设施运营监督管理、排污许可、畜禽养殖污染防治、城市排水和污水管理、电网调度管理等方面行政法规的制定及修订工作。抓紧完成节能监察管理、重点用能单位节能管理、节约用电管理、二氧化硫排污交易管理等方面行政规章的制定及修订工作。积极开展节约用水、废旧轮胎回收利用、包装物回收利用和汽车零部件再制造等方面立法准备工作。

（三十二）完善节能和环保标准

研究制定高耗能产品能耗限额强制性国家标准，各地区抓紧研究制定本地区主要耗能产品和大型公共建筑能耗限额标准。今年要组织制定粗钢、水泥、烧碱、火电、铝等22项高耗能产品能耗限额强制性国家标准（包括高耗电产品电耗限额标准）以及轻型商用车等5项交通工具燃料消耗量限值标准，制（修）订36项节水、节材、废弃产品回收与再利用等标准。组织制（修）订电力变压器、静电复印机、变频空调、商用冰柜、家用电冰箱等终端用能产品（设备）能效标准。制定重点耗能企业节能标准体系编制通则，指导和规范企业节能工作。

（三十三）加强烟气脱硫设施运行监管

燃煤电厂必须安装在线自动监控装置，建立脱硫设施运行台账，加强设施日常运行监管。2007年年底前，所有燃煤脱硫机组要与省级电网公司完成在线自动监控系统联网。对未按规定和要求运行脱硫设施的电厂要扣减脱硫电价，加大执法监管和处罚力度，并向社会公布。完善烟气脱硫技术规范，开展烟气脱硫工程后评估。组织开展烟气脱硫特许经营试点。

（三十四）强化城市污水处理厂和垃圾处理设施运行管理和监督

实行城市污水处理厂运行评估制度，将评估结果作为核拨污水处理费的重要依据。对列入国家重点环境监控的城市污水处理厂的运行情况及污染物排放信息实行向环保、建设和水行政主管部门季报制度，限期安装在线自动监控系统，并与环保和建设部门联网。对未按规定和要求运行污水处理厂和垃圾处理设施的城市公开通报，限期整改。对城市污水处理设施建设严重滞后、不落实收费政策、污水处理厂建成后一年内实际处理水量达不到设计能力60%的，以及已建成污水处理设施但无故不运行的地区，暂缓审批该地区项目环评，暂缓下达有关项目的国家建设资金。

（三十五）严格节能减排执法监督检查

国务院有关部门和地方人民政府每年都要组织开展节能减排专项检查和监察行动，严肃查处各类违法违规行为。加强对重点耗能企业和污染源的日常监督检查，对违反节能环保法律法规的单位公开曝光，依法查处，对重点案件挂牌督办。强化上市公司节能环保核查工作。开设节能环保违法行为和事件举报电话和网站，充分发挥社会公众监督作用。建立节能环保执法责任追究制度，对行政不作为、执法不力、徇私枉法、权钱交易等行为，依法追究有关主管部门和执法机构负责人的责任。

八、完善政策，形成激励和约束机制

（三十六）积极稳妥推进资源性产品价格改革

理顺煤炭价格成本构成机制。推进成品油、天然气价格改革。完善电力峰谷分时电价办法，降低小火电价格，实施有利于烟气脱硫的电价政策。鼓励可再生能源发电以及利用余热余压、煤矸石和城市垃圾发电，实行相应的电价政策。合理调整各类用水价格，加快推行阶梯式水价、超计划超定额用水加价制度，对国家产业政策明确的限制类、淘汰类高耗水企业实施惩罚性水价，制定支持再生水、海水淡化水、微咸水、矿井水、雨水开发利用的价格政策，加大水资源费征收力度。按照补偿治理成本原则，提高排污单位排污费征收标准，将二氧化硫排污费由目前的每千克 0.63 元分三年提高到每千克 1.26 元；各地根据实际情况提高 COD 排污费标准，国务院有关部门批准后实施。加强排污费征收管理，杜绝"协议收费"和"定额收费"。全面开征城市污水处理费并提高收费标准，吨水平均收费标准原则上不低于 0.8 元。提高垃圾处理收费标准，改进征收方式。

（三十七）完善促进节能减排的财政政策

各级人民政府在财政预算中安排一定资金，采用补助、奖励等方式，支持节能减排重点工程、高效节能产品和节能新机制推广、节能管理能力建设及污染减排监管体系建设等。进一步加大财政基本建设投资向节能环保项目的倾斜力度。健全矿产资源有偿使用制度，改进和完善资源开发生态补偿机制。开展跨流域生态补偿试点工作。继续加强和改进新型墙体材料专项基金和散装水泥专项资金征收管理。研究建立高能耗农业机械和渔船更新报废经济补偿制度。

（三十八）制定和完善鼓励节能减排的税收政策

抓紧制定节能、节水、资源综合利用和环保产品（设备、技术）目录及相应税收优惠政策。实行节能环保项目减免企业所得税及节能环保专用设备投资抵免企业所得税政策。对节能减排设备投资给予增值税进项税抵扣。完善对废旧物资、资源综合利用产品增值税优惠政策；对企业综合利用资源，生产符合国家产业政策规定的产品取得的收入，在计征企业所得税时实行减计收入的政策。实施鼓励节能环保型车船、节能省地环保型建筑和既有建筑节能改造的税收优惠政策。抓紧出台资源税改革方案，改进计征方式，提高税负水平。适时出台燃油税。研究开征环境税。研究促进新能源发展的税收政策。实行鼓励先进节能环保技术设备进口的税收优惠政策。

（三十九）加强节能环保领域金融服务

鼓励和引导金融机构加大对循环经济、环境保护及节能减排技术改造项目的信贷支持，优先为符合条件的节能减排项目、循环经济项目提供直接融资服务。研究建立环境污染责任保险制度。在国际金融组织和外国政府优惠贷款安排中进一步突出对节能减排项目的支持。环保部门与金融部门建立环境信息通报制度，将企业环境违法信息纳入人民银行企业征信系统。

九、加强宣传，提高全民节约意识

（四十）将节能减排宣传纳入重大主题宣传活动

每年制定节能减排宣传方案，主要新闻媒体在重要版面、重要时段进行系列报道，刊播节能减排公益性广告，广泛宣传节能减排的重要性、紧迫性以及国家采取的政策措施，宣传节能减排取得的阶段性成效，大力弘扬"节约光荣，浪费可耻"的社会风尚，提高全社会的节约环保意识。加强对外宣传，让国际社会了解中国在节能降耗、污染减排和应对全球气候变化等方面采取的重大举措及取得的成效，营造良好的国际舆论氛围。

（四十一）广泛深入持久开展节能减排宣传

组织好每年一度的全国节能宣传周、全国城市节水宣传周及世界环境日、地球日、水日宣传活动。组织企事业单位、机关、学校、社区等开展经常性的节能环保宣传，广泛开展节能环保科普宣传活动，把节约资源和保护环境观念渗透在各级各类学校的教育教学中，从小培养儿童的节约和环保意识。选择若干节能先进企业、机关、商厦、社区等，作为节能宣传教育基地，面向全社会开放。

（四十二）表彰奖励一批节能减排先进单位和个人

各级人民政府对在节能降耗和污染减排工作中做出突出贡献的单位和个人予以表彰和奖励。组织媒体宣传节能先进典型，揭露和曝光浪费能源资源、严重污染环境的反面典型。

十、政府带头，发挥节能表率作用

（四十三）政府机构率先垂范

建设崇尚节约、厉行节约、合理消费的机关文化。建立科学的政府机构节能目标责任和评价考核制度，制定并实施政府机构能耗定额标准，积极推进能源计量和监测，实施能耗公布制度，实行节奖超罚。教育、科学、文化、卫生、体育等系统，制定和实施适应本系统特点的节约能源资源工作方案。

（四十四）抓好政府机构办公设施和设备节能

各级政府机构分期分批完成政府办公楼空调系统低成本改造；开展办公区和住宅区供热节能技术改造和供热计量改造；全面开展食堂燃气灶具改造，"十一五"时期实现食堂节气20%；凡新建或改造的办公建筑必须采用节能材料及围护结构；及时淘汰高耗能设备，合理配置并高效利用办公设施、设备。在中央国家机关开展政府机构办公区和住宅区节能改造示范项目。推动公务车节油，推广实行一车一卡定点加油制度。

（四十五）加强政府机构节能和绿色采购

认真落实《节能产品政府采购实施意见》和《环境标志产品政府采购实施意见》，进一步完善政府采购节能和环境标志产品清单制度，不断扩大节能和环境标志产品政府采购范围。对空调机、计算机、打印机、显示器、复印机等办公设备和照明产品、用水器具，由同等优先采购改为强制采购高效节能、节水、环境标志产品。建立节能和环境标志产品政府采购评审体系和监督制度，保证节能和绿色采购工作落到实处。

附件：

"十一五"时期淘汰落后生产能力一览表

行业	内容	单位	"十一五"时期	2007 年
电力	实施"上大压小"关停小火电机组	万 kW	5 000	1 000
炼铁	300 m³ 以下高炉	万 t	10 000	3 000
炼钢	年产 20 万 t 及以下的小转炉、小电炉	万 t	5 500	3 500
电解铝	小型预焙槽	万 t	65	10
铁合金	6 300 kV·A 以下矿热炉	万 t	400	120
电石	6 300 kV·A 以下炉型电石产能	万 t	200	50
焦炭	炭化室高度 4.3 m 以下的小机焦	万 t	8 000	1 000
水泥	等量替代机立窑水泥熟料	万 t	25 000	5 000
玻璃	落后平板玻璃	万重量箱	3 000	600
造纸	年产 3.4 万 t 以下草浆生产装置、年产 1.7 万 t 以下化学制浆生产线、排放不达标的年产 1 万 t 以下以废纸为原料的纸厂	万 t	650	230
酒精	落后酒精生产工艺及年产 3 万 t 以下企业（废糖蜜制酒精除外）	万 t	160	40
味精	年产 3 万 t 以下味精生产企业	万 t	20	5
柠檬酸	环保不达标柠檬酸生产企业	万 t	8	2

附录 5-5　国务院关于进一步加强淘汰落后产能工作的通知

国务院关于进一步加强淘汰落后产能工作的通知

国发[2010]7 号

各省、自治区、直辖市人民政府，国务院各部委、各直属机构：

为深入贯彻落实科学发展观，加快转变经济发展方式，促进产业结构调整和优化升级，推进节能减排，现就进一步加强淘汰落后产能工作通知如下：

一、深刻认识淘汰落后产能的重要意义

加快淘汰落后产能是转变经济发展方式、调整经济结构、提高经济增长质量和效益的重大举措，是加快节能减排、积极应对全球气候变化的迫切需要，是走中国特色新型工业化道路、实现工业由大变强的必然要求。近年来，随着加快产能过剩行业结构调整、抑制重复建设、促进节能减排政策措施的实施，淘汰落后产能工作在部分领域取得了明显成效。但是，由于长期积累的结构性矛盾比较突出，落后产能退出的政策措施不够完善，激励和约束作用不够强，部分地区对淘汰落后产能工作认识存在偏差、责任不够落实，当前我国一些行业落后产能比重大的问题仍然比较严重，已经成为提高工业整体水平、落实应对气候变化举措、完成节能减排任务、实现经济社会可持续发展的严重制约。必须充分发挥市场的作用，采取更加有力的措施，综合运用法律、经济、技术及必要的行政手段，进一步建立健全淘汰落后产能的长效机制，确保按期实现淘汰落后产能的各项目标。各地区、各部门要切实把淘汰落后产能作为全面贯彻落实科学发展观，应对国际金融危机影响，保持经济平稳较快发展的一项重要任务，进一步增强责任感和紧迫感，充分调动一切积极因素，抓住关键环节，突破重点难点，加快淘汰落后产能，大力推进产业结构调整和优化升级。

二、总体要求和目标任务

（一）总体要求

1. 发挥市场作用

充分发挥市场配置资源的基础性作用，调整和理顺资源性产品价格形成机制，强化税收杠杆调节，努力营造有利于落后产能退出的市场环境。

2．坚持依法行政

充分发挥法律法规的约束作用和技术标准的门槛作用，严格执行环境保护、节约能源、清洁生产、安全生产、产品质量、职业健康等方面的法律法规和技术标准，依法淘汰落后产能。

3．落实目标责任

分解淘汰落后产能的目标任务，明确国务院有关部门、地方各级人民政府和企业的责任，加强指导、督促和检查，确保工作落到实处。

4．优化政策环境

强化政策约束和政策激励，统筹淘汰落后产能与产业升级、经济发展、社会稳定的关系，建立健全促进落后产能退出的政策体系。

5．加强协调配合

建立主管部门牵头，相关部门各负其责、密切配合、联合行动的工作机制，加强组织领导和协调配合，形成工作合力。

（二）目标任务

以电力、煤炭、钢铁、水泥、有色金属、焦炭、造纸、制革、印染等行业为重点，按照《国务院关于发布实施〈促进产业结构调整暂行规定〉的决定》（国发[2005]40号）、《国务院关于印发节能减排综合性工作方案的通知》（国发[2007]15号）、《国务院批转发展改革委等部门关于抑制部分行业产能过剩和重复建设引导产业健康发展若干意见的通知》（国发[2009]38号）、《产业结构调整指导目录》以及国务院制定的钢铁、有色金属、轻工、纺织等产业调整和振兴规划等文件规定的淘汰落后产能的范围和要求，按期淘汰落后产能。各地区可根据当地产业发展实际，制定范围更宽、标准更高的淘汰落后产能目标任务。

近期重点行业淘汰落后产能的具体目标任务是：

电力行业：2010年年底前淘汰小火电机组5 000万kW以上。

煤炭行业：2010年年底前关闭不具备安全生产条件、不符合产业政策、浪费资源、污染环境的小煤矿8 000处，淘汰产能2亿t。

焦炭行业：2010年年底前淘汰炭化室高度4.3 m以下的小机焦（3.2 m及以上捣固焦炉除外）。

铁合金行业：2010年年底前淘汰6 300 kV·A以下矿热炉。

电石行业：2010年年底前淘汰6 300 kV·A以下矿热炉。

钢铁行业：2011年年底前，淘汰400 m^3及以下炼铁高炉，淘汰30 t及以下炼钢转炉、电炉。

有色金属行业：2011年年底前，淘汰100 kA及以下电解铝小预焙槽；淘汰密闭鼓风炉、电炉、反射炉炼铜工艺及设备；淘汰采用烧结锅、烧结盘、简易高炉等落后方式炼铅工艺及设备，淘汰未配套建设制酸及尾气吸收系统的烧结机炼铅工艺；淘汰采用马弗炉、马槽炉、横罐、小竖罐（单日单罐产量 8 t 以下）等进行焙烧、采用简易冷凝设施进行收尘等落后方式炼锌或生产氧化锌制品的生产工艺及设备。

建材行业：2012 年年底前，淘汰窑径 3.0 m 以下水泥机械化立窑生产线、窑径 2.5 m 以下水泥干法中空窑（生产高铝水泥的除外）、水泥湿法窑生产线（主要用于处理污泥、电石渣等的除外）、直径 3.0 m 以下的水泥磨机（生产特种水泥的除外）以及水泥土（蛋）窑、普通立窑等落后水泥产能；淘汰平拉工艺平板玻璃生产线（含格法）等落后平板玻璃产能。

轻工业：2011 年年底前，淘汰年产 3.4 万 t 以下草浆生产装置、年产 1.7 万 t 以下化学制浆生产线，淘汰以废纸为原料、年产 1 万 t 以下的造纸生产线；淘汰落后酒精生产工艺及年产 3 万 t 以下的酒精生产企业（废糖蜜制酒精除外）；淘汰年产 3 万 t 以下味精生产装置；淘汰环保不达标的柠檬酸生产装置；淘汰年加工 3 万标张以下的制革生产线。

纺织行业：2011 年年底前，淘汰 74 型染整生产线、使用年限超过 15 年的前处理设备、浴比大于 1∶10 的间歇式染色设备，淘汰落后型号的印花机、热熔染色机、热风布铗拉幅机、定形机，淘汰高能耗、高水耗的落后生产工艺设备；淘汰 R531 型酸性老式粘胶纺丝机、年产 2 万 t 以下粘胶生产线、湿法及 DMF 溶剂法氨纶生产工艺、DMF 溶剂法腈纶生产工艺、涤纶长丝锭轴长 900 mm 以下的半自动卷绕设备、间歇法聚酯设备等落后化纤产能。

三、分解落实目标责任

（一）工业和信息化部、能源局要根据当前和今后一个时期经济发展形势以及国务院确定的淘汰落后产能阶段性目标任务，结合产业升级要求及各地区实际，商有关部门提出分行业的淘汰落后产能年度目标任务和实施方案，并将年度目标任务分解落实到各省、自治区、直辖市。各有关部门要充分发挥职能作用，抓紧制定限制落后产能企业生产、激励落后产能退出、促进落后产能改造等方面的配套政策措施，指导和督促各地区认真贯彻执行。

（二）各省、自治区、直辖市人民政府要根据工业和信息化部、能源局下达的淘汰落后产能目标任务，认真制定实施方案，将目标任务分解到市、县，落实到具体企业，及时将计划淘汰落后产能企业名单报工业和信息化部、能源局。要切实担负起本行政区域内淘汰落后产能工作的职责，严格执行相关法律、法规和各项政策措施，组织督促企业按要求淘汰落后产能、拆除落后设施装置，防止落后产能转移；对未按要求淘汰落后产能的企业，要依据有关法律法规责令停产或予以关闭。

（三）企业要切实承担起淘汰落后产能的主体责任，严格遵守安全、环保、节能、质量等法律法规，认真贯彻国家产业政策，积极履行社会责任，主动淘汰落后产能。

（四）各相关行业协会要充分发挥政府和企业间的桥梁纽带作用，认真宣传贯彻国家方针政策，加强行业自律，维护市场秩序，协助有关部门做好淘汰落后产能工作。

四、强化政策约束机制

1. 严格市场准入

强化安全、环保、能耗、物耗、质量、土地等指标的约束作用，尽快修订《产业结构调整指导目录》，制定和完善相关行业准入条件和落后产能界定标准，提高准入门槛，鼓励发展低消耗、低污染的先进产能。加强投资项目审核管理，尽快修订《政府核准的投资项目目录》，对产能过剩行业坚持新增产能与淘汰产能"等量置换"或"减量置换"的原则，严格环评、土地和安全生产审批，遏制低水平重复建设，防止新增落后产能。改善土地利用计划调控，严禁向落后产能和产能严重过剩行业建设项目提供土地。支持优势企业通过兼并、收购、重组落后产能企业，淘汰落后产能。

2. 强化经济和法律手段

充分发挥差别电价、资源性产品价格改革等价格机制在淘汰落后产能中的作用，落实和完善资源及环境保护税费制度，强化税收对节能减排的调控功能。加强环境保护监督性监测、减排核查和执法检查，加强对企业执行产品质量标准、能耗限额标准和安全生产规定的监督检查，提高落后产能企业和项目使用能源、资源、环境、土地的成本。采取综合性调控措施，抑制高消耗、高排放产品的市场需求。

3. 加大执法处罚力度

对未按期完成淘汰落后产能任务的地区，严格控制国家安排的投资项目，实行项目"区域限批"，暂停对该地区项目的环评、核准和审批。对未按规定期限淘汰落后产能的企业吊销排污许可证，银行业金融机构不得提供任何形式的新增授信支持，投资管理部门不予审批和核准新的投资项目，国土资源管理部门不予批准新增用地，相关管理部门不予办理生产许可，已颁发生产许可证、安全生产许可证的要依法撤回。对未按规定淘汰落后产能、被地方政府责令关闭或撤销的企业，限期办理工商注销登记，或者依法吊销工商营业执照。必要时，政府相关部门可要求电力供应企业依法对落后产能企业停止供电。

五、完善政策激励机制

1．加强财政资金引导

中央财政利用现有资金渠道，统筹支持各地区开展淘汰落后产能工作。资金安排使用与各地区淘汰落后产能任务相衔接，重点支持解决淘汰落后产能有关职工安置、企业转产等问题。对经济欠发达地区淘汰落后产能工作，通过增加转移支付加大支持和奖励力度。各地区也要积极安排资金，支持企业淘汰落后产能。在资金申报、安排、使用中，要充分发挥工业、能源等行业主管部门的作用，加强协调配合，确保资金安排对淘汰落后产能产生实效。

2．做好职工安置工作

妥善处理淘汰落后产能与职工就业的关系，认真落实和完善企业职工安置政策，依照相关法律法规和规定妥善安置职工，做好职工社会保险关系转移与接续工作，避免大规模集中失业，防止发生群体性事件。

3．支持企业升级改造

充分发挥科技对产业升级的支撑作用，统筹安排技术改造资金，落实并完善相关税收优惠和金融支持政策，支持符合国家产业政策和规划布局的企业，运用高新技术和先进适用技术，以质量品种、节能降耗、环境保护、改善装备、安全生产等为重点，对落后产能进行改造。提高生产、技术、安全、能耗、环保、质量等国家标准和行业标准水平，做好标准间的衔接，加强标准贯彻，引导企业技术升级。对淘汰落后产能任务较重且完成较好的地区和企业，在安排技术改造资金、节能减排资金、投资项目核准备案、土地开发利用、融资支持等方面给予倾斜。对积极淘汰落后产能企业的土地开发利用，在符合国家土地管理政策的前提下，优先予以支持。

六、健全监督检查机制

1．加强舆论和社会监督

各地区每年向社会公告本地区年度淘汰落后产能的企业名单、落后工艺设备和淘汰时限。工业和信息化部、能源局每年向社会公告淘汰落后产能企业名单、落后工艺设备、淘汰时限及总体进展情况。加强各地区、各行业淘汰落后产能工作交流，总结推广、广泛宣传淘汰落后产能工作先进地区和先进企业的有效做法，营造有利于淘汰落后产能的舆论氛围。

2．加强监督检查

各省、自治区、直辖市人民政府有关部门要及时了解、掌握淘汰落后产能工作进展和职工安置情况，并定期向国家有关部门报告。工业和信息化部、发展改革委、财政部、能源局要组织有关部门定期对各地区淘汰落后产能工作情况进行监督检查，切实加强对重点地区淘汰落后产能工作的指导，并将进展情况报告国务院。

3．实行问责制

将淘汰落后产能目标完成情况纳入地方政府绩效考核体系，参照《国务院批转节能减排统计监测及考核实施方案和办法的通知》（国发[2007]36号）对淘汰落后产能任务完成情况进行考核，提高淘汰落后产能任务完成情况的考核比重。对未按要求完成淘汰落后产能任务的地区进行通报，限期整改。对瞒报、谎报淘汰落后产能进展情况或整改不到位的地区，要依法依纪追究该地区有关责任人员的责任。

七、切实加强组织领导

建立淘汰落后产能工作组织协调机制，加强对淘汰落后产能工作的领导。成立由工业和信息化部牵头，发展改革委、监察部、财政部、人力资源社会保障部、国土资源部、环境保护部、农业部、商务部、人民银行、国资委、税务总局、工商总局、质检总局、安全监管总局、银监会、电监会、能源局等部门参加的淘汰落后产能工作部际协调小组，统筹协调淘汰落后产能工作，研究解决淘汰落后产能工作中的重大问题，根据"十二五"规划研究提出下一步淘汰落后产能目标并做好任务分解和组织落实工作。有关部门要认真履行职责，积极贯彻落实各项政策措施，加强沟通配合，共同做好淘汰落后产能的各项工作。地方各级人民政府要健全领导机制，明确职责分工，做到责任到位、措施到位、监管到位，确保淘汰落后产能工作取得明显成效。

国务院

二〇一〇年二月六日

附录 5-6　国务院关于进一步加大工作力度确保实现"十一五"节能减
　　　　　排目标的通知

<h1 style="text-align:center">国务院关于进一步加大工作力度确保实现
"十一五"节能减排目标的通知</h1>

国发[2010]12 号

各省、自治区、直辖市人民政府，国务院各部委、各直属机构：

2006 年以来，各地区、各部门认真贯彻落实科学发展观，把节能减排作为调整经济结构、转变发展方式的重要抓手，加大资金投入，强化责任考核，完善政策机制，加强综合协调，节能减排工作取得重要进展。全国单位国内生产总值能耗累计下降 14.38%，化学需氧量排放总量下降 9.66%，二氧化硫排放总量下降 13.14%。但要实现"十一五"单位国内生产总值能耗降低 20%左右的目标，任务还相当艰巨。为进一步加大工作力度，确保实现"十一五"节能减排目标，现就有关事项通知如下：

一、增强做好节能减排工作的紧迫感和责任感

"十一五"节能减排指标是具有法律约束力的指标，是政府向全国人民作出的庄严承诺，是衡量落实科学发展观、加快调整产业结构、转变发展方式成效的重要标志，事关经济社会可持续发展，事关人民群众切身利益，事关我国的国际形象。当前，节能减排形势十分严峻，特别是 2009 年第三季度以来，高耗能、高排放行业快速增长，一些被淘汰的落后产能死灰复燃，能源需求大幅增加，能耗强度、二氧化硫排放量下降速度放缓甚至由降转升，化学需氧量排放总量下降趋势明显减缓。为应对全球气候变化，我国政府承诺到 2020 年单位国内生产总值二氧化碳排放要比 2005 年下降 40%～45%，节能提高能效的贡献率要达到 85%以上，这也给节能减排工作带来巨大挑战。各地区、各部门要充分认识加强节能减排工作的重要性和紧迫性，切实增强使命感和责任感，下更大决心，花更大气力，果断采取强有力、见效快的政策措施，打好节能减排攻坚战，确保实现"十一五"节能减排目标。

二、强化节能减排目标责任

组织开展对省级政府 2009 年节能减排目标完成情况和措施落实情况及"十一五"目标完成进度的评价考核，考核结果向社会公告，落实奖惩措施，加大问责力度。及时发布 2009 年全国和各地区单位国内生产总值能耗、主要污染物排放量指标公报，以及 2010 年上半年全国单位国内生产总值能耗、主要污染物排放量指标公报。各地区要按照节能减排目标责任制的要求，一级抓一级，层层抓落实，组织开展本地区节能减排目标责任评价考核工作，对未完成目标的地区进行责任追究。到"十一五"末，要对节能减排目标完成情况算总账，实行严格的问责制，对未完成任务的地区、企业集团和行政不作为的部门，都要追究主要领导责任，根据情节给予相应处分。各地区"十二五"节能目标任务的确定要以 2005 年为基数。各省级政府要在 5 月底前，将本地区 2010 年节能减排目标和实施方案报国务院。

三、加大淘汰落后产能力度

2010 年关停小火电机组 1 000 万 kW，淘汰落后炼铁产能 2 500 万 t、炼钢 600 万 t、水泥 5 000 万 t、电解铝 33 万 t、平板玻璃 600 万重箱、造纸 53 万 t。各省级政府要抓紧制定本地区今年淘汰落后产能任务，将任务分解到市、县和有关企业，并于 5 月 20 日前报国务院有关部门。有关部门要在 5 月底前下达各地区淘汰落后产能任务，公布淘汰落后产能企业名单，确保落后产能在第三季度前全部关停。加强淘汰落后产能核查，对未按期完成淘汰落后产能任务的地区，严格控制国家安排的投资项目，实行项目"区域限批"，暂停对该地区项目的环评、供地、核准和审批。对未按规定期限淘汰落后产能的企业，依法吊销排污许可证、生产许可证、安全生产许可证，投资管理部门不予审批和核准新的投资项目，国土资源管理部门不予批准新增用地，有关部门依法停止落后产能生产的供电供水。

四、严控高耗能、高排放行业过快增长

严格控制"两高"和产能过剩行业新上项目。各级投资主管部门要进一步加强项目审核管理，今年内不再审批、核准、备案"两高"和产能过剩行业扩大产能项目。未通过环评、节能审查和土地预审的项目，一律不准开工建设。对违规在建项目，有关部门要责令停止建设，金融机构一律不得发放贷款。对违规建成的项目，要责令停止生产，金融机构一律不得发放流动资金贷款，有关部门要停止供电供水。落实限制"两高"产品出口的各项政策，控制"两高"产品出口。

五、加快实施节能减排重点工程

安排中央预算内投资 333 亿元、中央财政资金 500 亿元，重点支持十大重点节能工程建设、循环经济发展、淘汰落后产能、城镇污水垃圾处理、重点流域水污染治理，以及节能环保能力建设等，形成年节能能力 8 000 万 t 标准煤，新增城镇污水日处理能力 1 500 万 t、垃圾日处理能力 6 万 t。各地区要将节能减排指标落实到具体项目，节能减排专项资金要向能直接形成节能减排能力的项目倾斜，尽早下达资金，尽快形成节能减排能力。有关部门要在 6 月中旬前出台加快推行合同能源管理，促进节能服务产业发展的相关配套政策，对节能服务公司为企业实施节能改造给予支持。

六、切实加强用能管理

要加强对各地区综合能源消费量、高耗能行业用电量、高耗能产品产量等情况的跟踪监测，对能源消费和高耗能产业增长过快的地区，合理控制能源供应，切实改变敞开口子供应能源、无节制使用能源的现象。大力推进节能发电调度，加强电力需求侧管理，制定和实施有序用电方案，在保证合理用电需求的同时，要压缩高耗能、高排放企业用电。对能源消耗超过已有国家和地方单位产品能耗（电耗）限额标准的，实行惩罚性价格政策，具体由省级政府有关部门提出意见。省级节能主管部门组织各级节能监察机构于今年 6 月底前对重点用能单位上一年度和今年上半年主要产品能源消耗情况进行专项能源监察审计，提出超能耗（电耗）限额标准的企业和产品名单，实行惩罚性电价，对超过限额标准一倍以上的，比照淘汰类电价加价标准执行。加强城市照明管理，严格控制公用设施和大型建筑物装饰性景观照明能耗。

七、强化重点耗能单位节能管理

突出抓好千家企业节能行动，公告考核结果，强化目标责任，加强用能管理，提高用能水平，确保形成 2 000 万 t 标准煤的年节能能力。省级节能主管部门要加强对年耗能 5 000 t 标准煤以上重点用能单位的节能监管，落实能源利用状况报告制度，推进能效水平对标活动，开展节能管理师和能源管理体系试点。已经完成"十一五"节能任务的用能单位，要继续狠抓节能不放松，为完成本地区节能任务多做贡献；尚未完成任务的用能单位，要采取有力措施，确保完成"十一五"节能任务。中央和地方国有企业都要发挥表率作用，加大节能投入，加强管理，对完不成节能减排目标和存在严重浪费能源资源的，在经营业绩考核中实行降级降分处理，并与企业负责人绩效薪酬紧密挂钩。

八、推动重点领域节能减排

加强电力、钢铁、有色、石油石化、化工、建材等重点行业节能减排管理，加大用先进适用技术改造传统产业的力度。加强新建建筑节能监管，到2010年年底，全国城镇新建建筑执行节能强制性标准的比例达到95%以上，完成北方采暖地区居住建筑供热计量及节能改造5 000万 m²，确保完成"十一五"期间1.5亿 m²的改造任务。夏季空调温度设置不低于26℃。加强车辆用油定额考核，严格执行车辆燃料消耗量限值标准，对客车实载率低于70%的线路不得投放新的运力。推行公路甩挂运输，加快铁路电气化建设和运输装备改造升级，优化民航航路航线。开展节约型公共机构示范单位建设活动，2010年公共机构能源消耗指标要在去年基础上降低5%。加强流通服务业节能减排工作。加大汽车、家电以旧换新力度。抓好"三河三湖"、松花江等重点流域水污染治理。做好重金属污染治理工作。抓好农村环境综合整治。支持军队加快实施节能减排技术改造。

九、大力推广节能技术和产品

发布国家重点节能技术推广目录（第三批）。继续实施"节能产品惠民工程"，在加大高效节能空调推广的基础上，全面推广节能汽车、节能电机等产品，继续做好新能源汽车示范推广，5月底前有关部门要出台具体的实施细则。推广节能灯1.5亿只以上，东中部地区和有条件的西部地区城市道路照明、公共场所、公共机构全部淘汰低效照明产品。扩大能效标识实施范围，发布第七批能效标识产品目录。落实政府优先和强制采购节能产品制度，完善节能产品政府采购清单动态管理。

十、完善节能减排经济政策

深化能源价格改革，调整天然气价格，推行居民用电阶梯价格，落实煤层气、天然气发电上网电价和脱硫电价政策，出台鼓励余热余压发电上网和价格政策。对电解铝、铁合金、钢铁、电石、烧碱、水泥、黄磷、锌冶炼等高耗能行业中属于产业结构调整指导目录限制类、淘汰类范围的，严格执行差别电价政策。各地可在国家规定基础上，按照规定程序加大差别电价实施力度，大幅提高差别电价加价标准。加大污水处理费征收力度，改革垃圾处理费收费方式。积极落实国家支持节能减排的所得税、增值税等优惠政策，适时推进资源税改革。尽快出台排污权有偿使用和交易指导意见。深化生态补偿试点，完善生态补偿机制。开展环境污染责任保险。金融机构要加大对节能减排项目的信贷支持。

十一、加快完善法规标准

尽快出台固定资产投资项目节能评估和审查管理办法，抓紧完成城镇排水与污水处理条例的审查修改，做好大气污染防治法（修订）、节约用水条例、生态补偿条例的研究起草工作。研究制定重点用能单位节能管理办法、能源计量监督管理办法、节能产品认证管理办法、主要污染物排放许可证管理办法等。完善单位产品能耗限额标准、用能产品能效标准、建筑能耗标准等。

十二、加大监督检查力度

在今年第三季度，国务院组成工作组，对部分地区贯彻落实本通知精神情况进行检查。各级政府要组织开展节能减排专项督察，严肃查处违规乱上"两高"项目、淘汰落后产能进展滞后、减排设施不正常运行及严重污染环境等问题，彻底清理对高耗能企业和产能过剩行业电价优惠政策，发现一起，查处一起，对重点案件要挂牌督办，对有关责任人要严肃追究责任。要组织节能监察机构对重点用能单位开展拉网式排查，严肃查处使用国家明令淘汰的用能设备或生产工艺、单位产品能耗超限额标准用能等问题，情节严重的，依法责令停业整顿或者关闭。开展酒店、商场、办公楼等公共场所空调温度以及城市景观过度照明检查。继续深入开展整治违法排污企业保障群众健康环保专项行动。发挥职工监督作用，加强职工节能减排义务监督员队伍建设。

十三、深入开展节能减排全民行动

加强能源资源和生态环境国情宣传教育，进一步增强全民资源忧患意识、节约意识和环保意识。组织开展好 2010 年全国节能宣传周、世界环境日等活动。在企业、机关、学校、社区、军营等开展广泛深入的"节能减排全民行动"，普及节能环保知识和方法，推介节能新技术、新产品，倡导绿色消费、适度消费理念，加快形成有利于节约资源和保护环境的消费模式。新闻媒体要加大节能减排宣传力度，在重要栏目、重要时段、重要版面跟踪报道各地区落实本通知要求采取的行动，宣传先进经验，曝光反面典型，充分发挥舆论宣传和监督作用。

十四、实施节能减排预警调控

要做好节能减排形势分析和预警预测。各地区要在 6 月底前制定相关预警调控方案，在第三季度组织开展"十一五"节能减排目标完成情况预考核；对完成目标有困难的地区，要及时启动预警调控方案。

各地区、各部门要把节能减排放在更加突出的位置，切实加强组织领导。地方各级人民政府对本行政区域节能减排负总责，政府主要领导是第一责任人。发展改革委要加强节能减排综合协调，指导推动节能降耗工作，环境保护部要做好减排的协调推动工作，统计局要加强能源监测和统计。有关部门在各自的职责范围内做好节能减排工作，加强对各地区贯彻落实本通知精神的督促检查，确保实现"十一五"节能减排目标。

国务院

二〇一〇年五月四日

附录 5-7　关于发布《国家鼓励的工业节水工艺、技术和装备目录（第一批）》公告

关于发布《国家鼓励的工业节水工艺、技术和装备目录（第一批）》公告

2014 年　第 9 号

为贯彻落实最严格水资源管理制度，推广先进适用的节水工艺、技术和装备，不断提升工业用水效率，经各地区和相关行业协会推荐、专家评审和网上公示，工业和信息化部、水利部、全国节约用水办公室编制完成了《国家鼓励的工业节水工艺、技术和装备目录（第一批）》。现予以公告。

附件：国家鼓励的工业节水工艺、技术和装备目录（第一批）

工业和信息化部　水利部　全国节约用水办公室
2014 年 2 月 21 日

九、食品发酵行业

序号	工艺技术名称	工艺技术内容	推广前景	来源及应用方	应用实例
70	氨基酸废水高效生化再生回用技术	该技术包括厌氧生化处理、好氧生化处理、膜滤净化回用三部分。采用 IC 反应器厌氧生化处理；采用新型好氧反硝化菌株构建高效微生物菌群，在同一反应装置内同时进行生化/硝化/反硝化；采用砂滤、反渗透深度处理。氨基酸废水经厌氧和好氧生化处理后，经沉降、砂滤、反渗透进行深度处理，处理水回用生产工艺。废水回用率 75% 以上	适用于氨基酸等生物发酵行业。目前，普及率 30%，预计 2015 年全面普及，氨基酸产量按照 220 万 t 计，单位耗水量可以降低 30% 以上，年节水量约 2 700 万 m³ 以上	阜丰集团、山东轻工业学院、北京工商大学	内蒙古阜丰生物科技有限公司采用该技术，年处理工业废水 260 万 m³，总投资约 5 000 万元，年节水量约 185 万 m³
73	发酵有机废水膜生物处理回用技术	该技术将高效膜分离技术与生物处理技术相结合，是一种新型高效污水处理及回用技术。废水中的有机物经过生物反应器内微生物的降解作用后可使水质得到净化；膜分离	适用于发酵行业。目前，普及率很低，预计 2015 年普及率达到 15%，年节水量约 6 000 万 m³	中国海洋大学	无锡晶海氨基酸有限公司年产氨基酸 1 000 t，2011 年投运，总投

序号	工艺技术名称	工艺技术内容	推广前景	来源及应用方	应用实例
		技术则将活性污泥与大分子有机物、细菌等截留于反应器内,提高了出水水质,使废水达到回用水水质要求			资1 050万元,年节水90%
76	低聚异麦芽糖节水技术	该技术采用膜过滤技术用于回收离子交换树脂再生过程产生的酸碱废水和含糖量低的工艺水,回收后的酸碱用于再生树脂,回收工艺水循环使用	适用于制糖行业和生物发酵行业。目前,普及率0.55%,预计2015年,普及率达到30%以上,年节水量约1亿 m³	山东百龙创园生物科技有限公司	山东百龙创园生物科技有限公司麦芽糖醇车间,总投资1 000万元,购置纳滤膜4套,酸碱回收各一套,回收工艺水两套。试运行6个月,节水量约30万 m³
78	谷氨酸双结晶高效提取绿色制造节水工艺	该工艺采用"谷氨酸浓缩结晶和分离技术""细消型连续等电结晶和高效分离技术""CFD流场模拟优化"以及菌体细胞固液分离技术,实现高杂高黏物料的高浓提取与高效分离,提高水的循环利用率。味精制造水量降至30~50 m³/t,节水90%以上	适用于食品、生物工程等领域。目前,普及率10%,预计2015年普及率达80%,年节水量约1 600万 m³	江南大学	尚处研发阶段
80	高浓度含糖废水综合利用技术	该技术利用机械式蒸汽压缩技术将发酵过程中产生的高浓度含糖废水由干基2%左右浓度蒸发浓缩到干基5%~20%的浓度。此过程产生的冷凝水回用于生产,从而降低生产过程的耗水量,同时利用现代发酵微生物法将干基中的还原糖、蛋白质、矿物质等营养物质转变成饲料蛋白,使高浓度含糖废水得到综合利用。可使回用率达到90%以上,每吨柠檬酸产生的高浓度废水可生产单细胞蛋白120 kg	适用于淀粉深加工、酒精、氨基酸、有机酸等发酵行业。预计在柠檬酸行业中普及后,以全国约100万t柠檬酸产量计,年节水量约1 200万 m³,新水消耗降低30%	日照金禾生化集团股份有限公司	尚处研发阶段

附录 5-8　国务院关于印发节能减排"十二五"规划的通知

国务院关于印发节能减排"十二五"规划的通知

国发〔2012〕40 号

各省、自治区、直辖市人民政府，国务院各部委、各直属机构：

现将《节能减排"十二五"规划》印发给你们，请认真贯彻执行。

国务院

2012 年 8 月 6 日

节能减排"十二五"规划

为确保实现"十二五"节能减排约束性目标，缓解资源环境约束，应对全球气候变化，促进经济发展方式转变，建设资源节约型、环境友好型社会，增强可持续发展能力，根据《中华人民共和国国民经济和社会发展第十二个五年规划纲要》，制定本规划。

一、现状与形势

（一）"十一五"节能减排取得显著成效

"十一五"时期，国家把能源消耗强度降低和主要污染物排放总量减少确定为国民经济和社会发展的约束性指标，把节能减排作为调整经济结构、加快转变经济发展方式的重要抓手和突破口。各地区、各部门认真贯彻落实党中央、国务院的决策部署，采取有效措施，切实加大工作力度，基本实现了"十一五"规划纲要确定的节能减排约束性目标，节能减排工作取得了显著成效。

——为保持经济平稳较快发展提供了有力支撑。"十一五"期间，我国以能源消费年均 6.6% 的增速支撑了国民经济年均 11.2% 的增长，能源消费弹性系数由"十五"时期的 1.04 下降到 0.59，节约能源 6.3 亿 t 标准煤。

——扭转了我国工业化、城镇化快速发展阶段能源消耗强度和主要污染物排放量上升的趋势。"十一五"期间，我国单位国内生产总值能耗由"十五"后三年上升 9.8%转为下降 19.1%；二氧化硫和化学需氧量排放总量分别由"十五"后三年上升 32.3%、3.5%转为下降 14.29%、12.45%。

——促进了产业结构优化升级。2010 年与 2005 年相比，电力行业 300 MW以上火电机组占火电装机容量比重由 50%上升到 73%，钢铁行业 1 000 m³ 以上大型高炉产能比重由 48%上升到 61%，建材行业新型干法水泥熟料产量比重由 39%上升到 81%。

——推动了技术进步。2010 年与 2005 年相比，钢铁行业干熄焦技术普及率由不足 30%提高到 80%以上，水泥行业低温余热回收发电技术普及率由开始起步提高到 55%，烧碱行业离子膜法烧碱技术普及率由 29%提高到 84%。

——节能减排能力明显增强。"十一五"时期，通过实施节能减排重点工程，形成节能能力 3.4 亿 t 标准煤；新增城镇污水日处理能力 6 500 万 t，城市污水处理率达到 77%；燃煤电厂投产运行脱硫机组容量达 5.78 亿 kW，占全部火电机组容量的 82.6%。

——能效水平大幅度提高。2010 年与 2005 年相比，火电供电煤耗由 370 g 标准煤/kW·h 降到 333 g 标准煤/kW·h，下降 10.0%；吨钢综合能耗由 688 kg 标准煤降到 605 kg 标准煤，下降 12.1%；水泥综合能耗下降 28.6%；乙烯综合能耗下降 11.3%；合成氨综合能耗下降 14.3%。

——环境质量有所改善。2010 年与 2005 年相比，环保重点城市二氧化硫年均浓度下降 26.3%，地表水国控断面劣五类水质比例由 27.4%下降到 20.8%，七大水系国控断面好于Ⅲ类水质比例由 41%上升到 59.9%。

——为应对全球气候变化做出了重要贡献。"十一五"期间，我国通过节能降耗减少二氧化碳排放 14.6 亿 t，得到国际社会的广泛赞誉，展示了我负责任大国的良好形象。

"十一五"时期，我国节能法规标准体系、政策支持体系、技术支撑体系、监督管理体系初步形成，重点污染源在线监控与环保执法监察相结合的减排监督管理体系初步建立，全社会节能环保意识进一步增强。

（二）存在的主要问题

一是一些地方对节能减排的紧迫性和艰巨性认识不足，片面追求经济增长，对调结构、转方式重视不够，不能正确处理经济发展与节能减排的关系，节能减排工作还存在思想认识不深入、政策措施不落实、监督检查不力、激励约束不强等问题。

二是产业结构调整进展缓慢。"十一五"期间，第三产业增加值占国内生产总值的比重低于预期目标，重工业占工业总产值比重由 68.1%上升到 70.9%，高耗能、高排放产业增长过快，结构节能目标没有实现。

三是能源利用效率总体偏低。我国国内生产总值约占世界的 8.6%，但能源消耗占世界的 19.3%，单位国内生产总值能耗仍是世界平均水平的 2 倍以上。2010年全国钢铁、建材、化工等行业单位产品能耗比国际先进水平高出 10%～20%。

四是政策机制不完善。有利于节能减排的价格、财税、金融等经济政策还不完善，基于市场的激励和约束机制不健全，创新驱动不足，企业缺乏节能减排内生动力。

五是基础工作薄弱。节能减排标准不完善，能源消费和污染物排放计量、统计体系建设滞后，监测、监察能力亟待加强，节能减排管理能力还不能适应工作需要。

（三）面临的形势

"十二五"时期如未能采取更加有效的应对措施，我国面临的资源环境约束将日益强化。从国内看，随着工业化、城镇化进程加快和消费结构升级，我国能源需求呈刚性增长，受国内资源保障能力和环境容量制约，我国经济社会发展面临的资源环境瓶颈约束更加突出，节能减排工作难度不断加大。从国际看，围绕能源安全和气候变化的博弈更加激烈。一方面，贸易保护主义抬头，部分发达国家凭借技术优势开征碳税并计划实施碳关税，绿色贸易壁垒日益突出；另一方面，全球范围内绿色经济、低碳技术正在兴起，不少发达国家大幅增加投入，支持节能环保、新能源和低碳技术等领域创新发展，抢占未来发展制高点的竞争日趋激烈。

虽然我国节能减排面临巨大挑战，但也面临难得的历史机遇。科学发展观深入人心，全民节能环保意识不断提高，各方面对节能减排的重视程度明显增强，产业结构调整力度不断加大，科技创新能力不断提升，节能减排激励约束机制不断完善，这些都为"十二五"推进节能减排创造了有利条件。要充分认识节能减排的极端重要性和紧迫性，增强忧患意识和危机意识，抓住机遇，大力推进节能减排，促进经济社会发展与资源环境相协调，切实增强可持续发展能力。

二、指导思想、基本原则和主要目标

（一）指导思想

以邓小平理论和"三个代表"重要思想为指导，深入贯彻落实科学发展观，坚持大幅降低能源消耗强度、显著减少主要污染物排放总量、合理控制能源消费总量相结合，形成加快转变经济发展方式的倒逼机制；坚持强化责任、健全法制、完善政策、加强监管相结合，建立健全有效的激励和约束机制；坚持优化产业结构、推动技术进步、强化工程措施、加强管理引导相结合，大幅度提高能源利用效率，显著减少污染物排放；加快构建政府为主导、企业为主体、市场有效驱动、全社会共同参与的推进节能减排工作格局，确保实现"十二五"节能减排约束性目标，加快建设资源节约型、环境友好型社会。

（二）基本原则

强化约束，推动转型。通过逐级分解目标任务，加强评价考核，强化节能减排目标的约束性作用，加快转变经济发展方式，调整优化产业结构，增强可持续发展能力。

控制增量，优化存量。进一步完善和落实相关产业政策，提高产业准入门槛，严格能评、环评审查，抑制高耗能、高排放行业过快增长，合理控制能源消费总量和污染物排放增量。加快淘汰落后产能，实施节能减排重点工程，改造提升传统产业。

完善机制，创新驱动。健全节能环保法律、法规和标准，完善有利于节能减排的价格、财税、金融等经济政策，充分发挥市场配置资源的基础性作用，形成有效的激励和约束机制，增强用能、排污单位和公民自觉节能减排的内生动力。加快节能减排技术创新、管理创新和制度创新，建立长效机制，实现节能减排效益最大化。

分类指导，突出重点。根据各地区、各有关行业特点，实施有针对性的政策措施。突出抓好工业、建筑、交通、公共机构等重点领域和重点用能单位节能，大幅提高能源利用效率。加强环境基础设施建设，推动重点行业、重点流域、农业源和机动车污染防治，有效减少主要污染物排放总量。

（三）总体目标

到 2015 年，全国万元国内生产总值能耗下降到 0.869 t 标准煤（按 2005 年价格计算），比 2010 年的 1.034 t 标准煤下降 16%（比 2005 年的 1.276 t 标准煤下降 32%）。"十二五"期间，实现节约能源 6.7 亿 t 标准煤。

2015 年，全国化学需氧量和二氧化硫排放总量分别控制在 2 347.6 万 t、2 086.4 万 t，比 2010 年的 2 551.7 万 t、2 267.8 万 t 各减少 8%，分别新增削减能力 601 万 t、654 万 t；全国氨氮和氮氧化物排放总量分别控制在 238 万 t、2 046.2 万 t，比 2010 年的 264.4 万 t、2 273.6 万 t 各减少 10%，分别新增削减能力 69 万 t、794 万 t。

（四）具体目标

到 2015 年，单位工业增加值（规模以上）能耗比 2010 年下降 21%左右，建筑、交通运输、公共机构等重点领域能耗增幅得到有效控制，主要产品（工作量）

单位能耗指标达到先进节能标准的比例大幅提高，部分行业和大中型企业节能指标达到世界先进水平（见表 1）。风机、水泵、空压机、变压器等新增主要耗能设备能效指标达到国内或国际先进水平，空调、电冰箱、洗衣机等国产家用电器和一些类型的电动机能效指标达到国际领先水平。工业重点行业、农业主要污染物排放总量大幅降低（见表 2）。

表 1 "十二五"时期主要节能指标

指标	单位	2010 年	2015 年	变化幅度/变化率
工业				
单位工业增加值（规模以上）能耗	%			[−21%左右]
火电供电煤耗	g 标准煤/kW·h	333	325	−8
火电厂用电率	%	6.33	6.2	−0.13
电网综合线损率	%	6.53	6.3	−0.23
吨钢综合能耗	kg 标准煤	605	580	−25
铝锭综合交流电耗	kW·h /t	14 013	13 300	−713
铜冶炼综合能耗	kg 标准煤/t	350	300	−50
原油加工综合能耗	kg 标准煤/t	99	86	−13
乙烯综合能耗	kg 标准煤/t	886	857	−29
合成氨综合能耗	kg 标准煤/t	1 402	1 350	−52
烧碱（离子膜）综合能耗	kg 标准煤/t	351	330	−21
水泥熟料综合能耗	kg 标准煤/t	115	112	−3
平板玻璃综合能耗	kg 标准煤/重量箱	17	15	−2
纸及纸板综合能耗	kg 标准煤/t	680	530	−150
纸浆综合能耗	kg 标准煤/t	450	370	−80
日用陶瓷综合能耗	kg 标准煤/t	1 190	1 110	−80
建筑				
北方采暖地区既有居住建筑改造面积	亿 m^2	1.8	5.8	4
城镇新建绿色建筑标准执行率	%	1	15	14
交通运输				
铁路单位运输工作量综合能耗	t 标准煤/百万换算 t·km	5.01	4.76	[−5%]
营运车辆单位运输周转量能耗	kg 标准煤/百吨公里	7.9	7.5	[−5%]
营运船舶单位运输周转量能耗	kg 标准煤/千吨公里	6.99	6.29	[−10%]
民航业单位运输周转量能耗	kg 标准煤/t 公里	0.450	0.428	[−5%]
公共机构				
公共机构单位建筑面积能耗	kg 标准煤/m^2	23.9	21	[−12%]

指标	单位	2010 年	2015 年	变化幅度/变化率
公共机构人均能耗	kg 标准煤/人	447.4	380	[15%]
终端用能设备能效				
燃煤工业锅炉（运行）	%	65	70～75	5～10
三相异步电动机（设计）	%	90	92～94	2～4
容积式空气压缩机输入比功率	kW/（m³/min）	10.7	8.5～9.3	−1.4～−2.2
电力变压器损耗	kW	空载: 43 负载: 170	空载:30～33 负载:151～153	−10～−13 −17～−19
汽车（乘用车）平均油耗	L/100 km	8	6.9	−1.1
房间空调器（能效比）	—	3.3	3.5～4.5	0.2～1.2
电冰箱（能效指数）	%	49	40～46	−3～−9
家用燃气热水器（热效率）	%	87～90	93～97	3～10

注:[　]内为变化率。

表 2　"十二五"时期主要减排指标

指　标	单　位	2010 年	2015 年	变化幅度/变化率
工业				
工业化学需氧量排放量	万 t	355	319	[−10%]
工业二氧化硫排放量	万 t	2 073	1 866	[−10%]
工业氨氮排放量	万 t	28.5	24.2	[−15%]
工业氮氧化物排放量	万 t	1 637	1 391	[−15%]
火电行业二氧化硫排放量	万 t	956	800	[−16%]
火电行业氮氧化物排放量	万 t	1 055	750	[−29%]
钢铁行业二氧化硫排放量	万 t	248	180	[−27%]
水泥行业氮氧化物排放量	万 t	170	150	[−12%]
造纸行业化学需氧量排放量	万 t	72	64.8	[−10%]
造纸行业氨氮排放量	万 t	2.14	1.93	[−10%]
纺织印染行业化学需氧量排放量	万 t	29.9	26.9	[−10%]
纺织印染行业氨氮排放量	万 t	1.99	1.75	[−12%]
农业				
农业化学需氧量排放量	万 t	1 204	1 108	[−8%]
农业氨氮排放量	万 t	82.9	74.6	[−10%]
城市				
城市污水处理率	%	77	85	8

注:[　]内为变化率。

三、主要任务

（一）调整优化产业结构

——抑制高耗能、高排放行业过快增长。合理控制固定资产投资增速和火电、钢铁、水泥、造纸、印染等重点行业发展规模，提高新建项目节能、环保、土地、安全等准入门槛，严格固定资产投资项目节能评估审查、环境影响评价和建设项目用地预审，完善新开工项目管理部门联动机制和项目审批问责制。对违规在建的高耗能、高排放项目，有关部门要责令停止建设，金融机构一律不得发放贷款。对违规建成的项目，要责令停止生产，金融机构一律不得发放流动资金贷款，有关部门要停止供电供水。严格控制高耗能、高排放和资源性产品出口。把能源消费总量、污染物排放总量作为能评和环评审批的重要依据，对电力、钢铁、造纸、印染行业实行主要污染物排放总量控制，对新建、扩建项目实施排污量等量或减量置换。优化电力、钢铁、水泥、玻璃、陶瓷、造纸等重点行业区域空间布局。中西部地区承接产业转移必须坚持高标准，严禁高污染产业和落后生产能力转入。

——淘汰落后产能。严格落实《产业结构调整指导目录（2011 年本）》和《部分工业行业淘汰落后生产工艺装备和产品指导目录（2010 年本）》，重点淘汰小火电 2 000 万 kW、炼铁产能 4 800 万 t、炼钢产能 4 800 万 t、水泥产能 3.7 亿 t、焦炭产能 4 200 万 t、造纸产能 1 500 万 t 等（见表3）。制订年度淘汰计划，并逐级分解落实。对稀土行业实施更严格的节能环保准入标准，加快淘汰落后生产工艺和生产线，推进形成合理开发、有序生产、高效利用、技术先进、集约发展的稀土行业持续健康发展格局。完善落后产能退出机制，对未完成淘汰任务的地区和企业，依法落实惩罚措施。鼓励各地区制定更严格的能耗和排放标准，加大淘汰落后产能力度。

表3 "十二五"时期淘汰落后产能一览表

行 业	主要内容	单位	产能
电力	大电网覆盖范围内，单机容量在 10 万 kW 及以下的常规燃煤火电机组，单机容量在 5 万 kW 及以下的常规小火电机组，以发电为主的燃油锅炉及发电机组（5 万 kW 及以下）；大电网覆盖范围内，设计寿命期满的单机容量在 20 万 kW 及以下的常规燃煤火电机组	万 kW	2 000
炼铁	400 m³ 及以下炼铁高炉等	万 t	4 800
炼钢	30 t 及以下转炉、电炉等	万 t	4 800
铁合金	6 300 kV·A 以下铁合金矿热电炉，3 000 kV·A 以下铁合金半封闭直流电炉、铁合金精炼电炉等	万 t	740
电石	单台炉容量小于 12 500 kV·A 电石炉及开放式电石炉	万 t	380

行　业	主要内容	单位	产能
铜（含再生铜）冶炼	鼓风炉、电炉、反射炉炼铜工艺及设备等	万 t	80
电解铝	100 KA 及以下预焙槽等	万 t	90
铅（含再生铅）冶炼	采用烧结锅、烧结盘、简易高炉等落后方式炼铅工艺及设备，未配套建设制酸及尾气吸收系统的烧结机炼铅工艺等	万 t	130
锌（含再生锌）冶炼	采用马弗炉、马槽炉、横罐、小竖罐等进行焙烧、简易冷凝设施进行收尘等落后方式炼锌或生产氧化锌工艺装备等	万 t	65
焦炭	土法炼焦（含改良焦炉），单炉产能 7.5 万 t/a 以下的半焦（兰炭）生产装置，炭化室高度小于 4.3 m 焦炉（3.8 m 及以上捣固焦炉除外）	万 t	4 200
水泥（含熟料及磨机）	立窑，干法中空窑，直径 3 m 以下水泥粉磨设备等	万 t	37 000
平板玻璃	平拉工艺平板玻璃生产线（含格法）	万重量箱	9 000
造纸	无碱回收的碱法（硫酸盐法）制浆生产线，单条产能小于 3.4 万 t 的非木浆生产线，单条产能小于 1 万 t 的废纸浆生产线，年生产能力 5.1 万 t 以下的化学木浆生产线等	万 t	1 500
化纤	2 万 t/a 及以下粘胶常规短纤维生产线，湿法氨纶工艺生产线，二甲基酰胺溶剂法氨纶及腈纶工艺生产线，硝酸法腈纶常规纤维生产线等	万 t	59
印染	未经改造的 74 型染整生产线，使用年限超过 15 年的国产和使用年限超过 20 年的进口前处理设备、拉幅和定形设备、圆网和平网印花机、连续染色机，使用年限超过 15 年的浴比大于 1：10 的棉及化纤间歇式染色设备等	亿 m	55.8
制革	年加工生皮能力 5 万标张牛皮、年加工蓝湿皮能力 3 万标张牛皮以下的制革生产线	万标张	1 100
酒精	3 万 t/a 以下酒精生产线（废糖蜜制酒精除外）	万 t	100
味精	3 万 t/a 以下味精生产线	万 t	18.2
柠檬酸	2 万 t/a 及以下柠檬酸生产线	万 t	4.75
铅蓄电池（含极板及组装）	开口式普通铅蓄电池生产线，含镉高于 0.002% 的铅蓄电池生产线，20 万 kVA·h/a 规模以下的铅蓄电池生产线	万 kVA·h	746
白炽灯	60W 以上普通照明用白炽灯	亿只	6

——促进传统产业优化升级。运用高新技术和先进适用技术改造提升传统产业，促进信息化和工业化深度融合。加大企业技术改造力度，重点支持对产业升级带动作用大的重点项目和重污染企业搬迁改造。调整加工贸易禁止类商品目录，提高加工贸易准入门槛。提升产品节能环保性能，打造绿色低碳品牌。合理引导企业兼并重组，提高产业集中度，培育具有自主创新能力和核心竞争力的企业。

——调整能源消费结构。促进天然气产量快速增长，推进煤层气、页岩气等非常规油气资源开发利用，加强油气战略进口通道、国内主干管网、城市配网和储备库建设。结合产业布局调整，有序引导高耗能企业向能源产地适度集中，减少长距离输煤输电。在做好生态保护和移民安置的前提下积极发展水电，在确保安全的基础上有序发展核电。加快风能、太阳能、地热能、生物质能、煤层气等清洁能源商业化利用，加快分布式能源发展，提高电网对非化石能源和清洁能源发电的接纳能力。到 2015 年，非化石能源消费总量占一次能源消费比重达到11.4%。

——推动服务业和战略性新兴产业发展。加快发展生产性服务业和生活性服务业，推进规模化、品牌化、网络化经营。到2015 年，服务业增加值占国内生产总值比重比 2010 年提高 4 个百分点。推动节能环保、新一代信息技术、生物、高端装备制造、新能源、新材料、新能源汽车等战略性新兴产业发展。到2015 年，战略性新兴产业增加值占国内生产总值比重达到8%左右。

（二）推动能效水平提高

——加强工业节能。坚持走新型工业化道路，通过明确目标任务、加强行业指导、推动技术进步、强化监督管理，推进工业重点行业节能。

电力。鼓励建设高效燃气-蒸汽联合循环电站，加强示范整体煤气化联合循环技术（IGCC）和以煤气化为龙头的多联产技术。发展热电联产，加快智能电网建设。加快现役机组和电网技术改造，降低厂用电率和输配电线损。

煤炭。推广年产 400 万 t 选煤系统成套技术与装备，到 2015 年原煤入洗率达到 60%以上，鼓励高硫、高灰动力煤入洗，灰分大于 25%的商品煤就近销售。积极发展动力配煤，合理选择具有区位和市场优势的矿区、港口等煤炭集散地建设煤炭储配基地。发展煤炭地下气化、脱硫、水煤浆、型煤等洁净煤技术。实施煤矿节能技术改造。加强煤矸石综合利用。

钢铁。优化高炉炼铁炉料结构，降低铁钢比。推广连铸坯热送热装和直接轧制技术。推动干熄焦、高炉煤气、转炉煤气和焦炉煤气等二次能源高效回收利用，鼓励烧结机余热发电，到 2015 年重点大中型企业余热余压利用率达到 50%以上。支持大中型钢铁企业建设能源管理中心。

有色金属。重点推广新型阴极结构铝电解槽、低温高效铝电解等先进节能生产工艺技术。推进氧气底吹熔炼技术、闪速技术等广泛应用。加快短流程连续炼铅冶金技术、连续铸轧短流程有色金属深加工工艺、液态铅渣直接还原炼铅工艺与装备产业化技术开发和推广应用。加强有色金属资源回收利用。提高能源管理信息化水平。

石油石化。原油开采行业要全面实施抽油机驱动电机节能改造，推广不加热集油技术和油田采出水余热回收利用技术，提高油田伴生气回收水平。鼓励符合条件的新建炼油项目发展炼化一体化。原油加工行业重点推广高效换热器并优化换热流程、优化中段回流取热比例、降低汽化率、塔顶循环回流换热等节能技术。

化工。合成氨行业重点推广先进煤气化技术、节能高效脱硫脱碳、低位能余热吸收制冷等技术，实施综合节能改造。烧碱行业提高离子膜法烧碱比例，加快零极距、氧阴极等先进节能技术的开发应用。纯碱行业重点推广蒸汽多级利用、变换气制碱、新型盐析结晶器及高效节能循环泵等节能技术。电石行业加快采用密闭式电石炉，全面推行电石炉炉气综合利用，积极推进新型电石生产技术研究和应用。

建材。推广大型新型干法水泥生产线。普及纯低温余热发电技术，到 2015 年水泥纯低温余热发电比例提高到 70%以上。推进水泥粉磨、熟料生产等节能改造。推进玻璃生产线余热发电，到 2015 年余热发电比例提高到 30%以上。加快开发推广高效阻燃保温材料、低辐射节能玻璃等新型节能产品。推进墙体材料革新，城市城区限制使用黏土制品，县城禁止使用实心黏土砖。加快新型墙体材料发展，到 2015 年新型墙体材料比重达到 65%以上。

——强化建筑节能。开展绿色建筑行动，从规划、法规、技术、标准、设计等方面全面推进建筑节能，提高建筑能效水平。

强化新建建筑节能。严把设计关口，加强施工图审查，城镇建筑设计阶段 100%达到节能标准要求。加强施工阶段监管和稽查，施工阶段节能标准执行率达到 95%以上。严格建筑节能专项验收，对达不到节能标准要求的不得通过竣工验收。鼓励有条件的地区适当提高建筑节能标准。加强新区绿色规划，重点推动各级机关、学校和医院建筑，以及影剧院、博物馆、科技馆、体育馆等执行绿色建筑标准；在商业房地产、工业厂房中推广绿色建筑。

加大既有建筑节能改造力度。以围护结构、供热计量、管网热平衡改造为重点，大力推进北方采暖地区既有居住建筑供热计量及节能改造，加快实施"节能暖房"工程。开展大型公共建筑采暖、空调、通风、照明等节能改造，推行用电分项计量。以建筑门窗、外遮阳、自然通风等为重点，在夏热冬冷地区和夏热冬暖地区开展居住建筑节能改造试点。在具备条件的情况下，鼓励在旧城区综合改造、城市市容整治、既有建筑抗震加固中，采用加层、扩容等方式开展节能改造。

——推进交通运输节能。加快构建便捷、安全、高效的综合交通运输体系，不断优化运输结构，推进科技和管理创新，进一步提升运输工具能源效率。

铁路运输。大力发展电气化铁路，进一步提高铁路运输能力。加强运输组织管理。加快淘汰老旧机车机型，推广铁路机车节油、节电技术，对铁路运输设备实施节能改造。积极推进货运重载化。推进客运站节能优化设计，加强大型客运站能耗综合管理。

公路运输。全面实施营运车辆燃料消耗量限值标准。建立物流公共信息平台，优化货运组织。推行高速公路不停车收费，继续开展公路甩挂运输试点。实施城乡道路客运一体化试点。推广节能驾驶和绿色维修。

水路运输。建设以国家高等级航道网为主体的内河航道网，推进航电枢纽建设，优化港口布局。推进船舶大型化、专业化，淘汰老旧船舶，加快实施内河船型标准化。发展大宗散货专业化运输和多式联运等现代运输组织方式。推进港口码头节能设计和改造。加快港口物流信息平台建设。

航空运输。优化航线网络和运力配备，改善机队结构，加强联盟合作，提高运输效率。优化空域结构，提高空域资源配置使用效率。开发应用航空器飞行及地面运行节油相关实用技术，推进航空生物燃油研发与应用。加强机场建设和运营中的节能管理，推进高耗能设施、设备的节油节电改造。

城市交通。合理规划城市布局，优化配置交通资源，建立以公共交通为重点的城市交通发展模式。优先发展公共交通，有序推进轨道交通建设，加快发展快速公交。探索城市调控机动车保有总量。开展低碳交通运输体系建设城市试点。推行节能驾驶，倡导绿色出行。积极推广节能与新能源汽车，加快加气站、充电站等配套设施规划和建设。抓好城市步行、自行车交通系统建设。发展智能交通，建立公众出行信息服务系统，加大交通疏堵力度。

——推进农业和农村节能。完善农业机械节能标准体系。依法加强大型农机年检、年审，加快老旧农业机械和渔船淘汰更新。鼓励农民购买高效节能农业机械。推广节能新产品、新技术，加快农业机电设备节能改造，加强用能设备定期维修保养。推进节能型农宅建设，结合农村危房改造加大建筑节能示范力度。推动省柴节煤灶更新换代。开展农村水电增效扩容改造。推进农业节水增效，推广高效节水灌溉技术。因地制宜、多能互补发展小水电、风能、太阳能和秸秆综合利用。科学规划农村沼气建设布局，完善服务机制，加强沼气设施的运行管理和维护。

——强化商用和民用节能。开展零售业等流通领域节能减排行动。商业、旅游业、餐饮等行业建立并完善能源管理制度，开展能源审计，加快用能设施节能改造。宾馆、商厦、写字楼、机场、车站严格执行公共建筑空调温度控制标准，优化空调运行管理。鼓励消费者购买节能环保型汽车和节能型住宅，推广高效节能家用电器、办公设备和高效照明产品。减少待机能耗，减少使用一次性用品，严格执行限制商品过度包装和超薄塑料购物袋生产、销售和使用的相关规定。

——实施公共机构节能。新建公共建筑严格实施建筑节能标准。实施供热计量改造，国家机关率先实行按热量收费。推进公共机构办公区节能改造，推广应用可再生能源。全面推进公务用车制度改革，严格油耗定额管理，推广节能和新能源汽车。在各级机关和教科文卫体等系统开展节约型公共机构示范单位建设，创建 2 000 家节约型公共机构。健全公共机构能源管理、统计监测考核和培训体系，建立完善公共机构能源审计、能效公示、能源计量和能耗定额管理制度，加强能耗监测平台和节能监管体系建设。

（三）强化主要污染物减排

——加强城镇生活污水处理设施建设。加强城镇环境基础设施建设，以城镇污水处理设施及配套管网建设、现有设施升级改造、污泥处理处置设施建设为重点，提升脱氮除磷能力。到 2015 年，城市污水处理率和污泥无害化处置率分别达到 85% 和 70%，县城污水处理率达到 70%，基本实现每个县和重点建制镇建成污水集中处理设施，全国城镇污水处理厂再生水利用率达到 15% 以上。

——加强重点行业污染物减排。

加强重点行业污染预防。以钢铁、水泥、氮肥、造纸、印染行业为重点，大力推行清洁生产，加快重大、共性技术的示范和推广，完善清洁生产评价指标体系，开展工业产品生态设计、农业和服务业清洁生产试点。以汞、铬、铅等重金属污染防治为重点，在重点行业实施技术改造。示范和推广一批无毒无害或低毒低害原料（产品），对高耗能、高排放企业及排放有毒有害废物的重点企业开展强制性清洁生产审核。

加大工业废水治理力度。以制浆造纸、印染、食品加工、农副产品加工等行业为重点，继续加大水污染深度治理和工艺技术改造。制浆造纸企业加快建设碱回收装置；纺织印染行业推行废水集中处理和实施综合治理，大中型造纸企业、有脱墨的废纸造纸企业和采用碱减量工艺的化纤布印染企业实施废水三级深度处理；发酵行业推广高浓度废液综合利用技术、废醪液制备生物有机肥及液态肥技术；制糖行业推广闭合循环用水技术；氮肥行业推广稀氨水浓缩回收利用技术、尿素工艺冷凝液深度水解技术，加大生化处理设施建设力度；农药行业推广清污分流和高浓度废水预处理技术。

推进电力行业脱硫脱硝。新建燃煤机组全面实施脱硫脱硝，实现达标排放。尚未安装脱硫设施的现役燃煤机组要配套建设烟气脱硫设施，不能稳定达标排放的燃煤机组要实施脱硫改造。加快燃煤机组低氮燃烧技术改造和烟气脱硝设施建设，对单机容量 30 万 kW 及以上的燃煤机组、东部地区和其他省会城市单机容量 20 万 kW 及以上的燃煤机组，均要实行脱硝改造，综合脱硝效率达到 75% 以上。

加强非电行业脱硫脱硝。实施钢铁烧结机烟气脱硫，到 2015 年，所有烧结机和位于城市建成区的球团生产设备烟气脱硫效率达到 95% 以上。有色金属行业冶炼烟气中二氧化硫含量大于 3.5% 的冶炼设施，要安装硫回收装置。石油炼制行业新建催化裂化装置要配套建设烟气脱硫设施，现有硫黄回收装置硫回收率达到 99%。建材行业建筑陶瓷规模大于 70 万 m^2/a 且燃料含硫率大于 0.5% 的窑炉，应安装脱硫设施或改用清洁能源，浮法玻璃生产线要实施烟气脱硫或改用天然气。焦化行业炼焦炉荒煤气硫化氢脱除效率达到 95%。水泥行业实施新型干法窑降氮脱硝，新建、改扩建水泥生产线综合脱硝效率不低于 60%。燃煤锅炉蒸汽量大于 35 t/h 且二氧化硫超标排放的，要实施烟气脱硫改造，改造后脱硫效率应达到 70% 以上。

——开展农业源污染防治。

加强农村污染治理。推进农村生态示范建设标准化、规范化、制度化。因地制宜建设农村生活污水处理设施，分散居住地区采用低能耗小型分散式污水处理方式，人口密集、污水排放相对集中地区采用集中处理方式。实施农村清洁工程，开展农村环境综合整治，推行农业清洁生产，鼓励生活垃圾分类收集和就地减量无害化处理。选择经济、适用、安全的处理处置技术，提高垃圾无害化处理水平，城镇周边和环境敏感区的农村逐步推广城乡一体化垃圾处理模式。推广测土配方施肥，发展有机肥采集利用技术，减少不合理的化肥施用。

推进畜禽清洁养殖。结合土地消纳能力，推进畜禽养殖适度规模化，合理优化养殖布局，鼓励采取种养结合养殖方式。以规模化养殖场和养殖小区为重点，因地制宜推行干清粪收集方法，养殖场区实施雨污分流，发展废物循环利用，鼓励粪污、沼渣等废弃物发酵生产有机肥料。在散养密集区推行粪污集中处理。

推行水产健康养殖。规范水产养殖行为，优化水产养殖区域布局，国家重点流域以及各地确定的重点保护水体要合理减少网箱、围网养殖规模。加快养殖池塘改造和循环水设施配套建设，推广水质调控技术与环保设备。鼓励发展人工生态环境、多品种立体、开放式流水或微流水、全封闭循环水工厂化、水产品与农作物共生互利等水产生态养殖方式。

——控制机动车污染物排放。提高机动车污染物排放准入门槛。加强机动车排放对环境影响的评估审查。加快淘汰老旧车辆，基本淘汰 2005 年以前注册的用于运营的"黄标车"。推进报废农用车换购载货汽车工作。全面推行机动车环保标志管理，严格实施机动车一致性检查制度，不符合国家机动车排放标准的车辆禁止生产、销售和注册登记。实施第四阶段机动车排放标准，在有条件的重点城市和地区逐步推动实施第五阶段排放标准。"十二五"末实现低速车与载货汽车实施同一排放标准。全面提升车用燃油品质。研究制定国家第四、第五阶段车用燃油标准，推动落实标准实施条件，强化车用燃油监管。全面供应符合国家第四阶段标准的车用燃油，部分重点城市供应国家第五阶段标准车用燃油。大型炼化项目应以国家第五阶段车用燃油标准作为设计目标，加快成品油生产技术改造。

——推进大气中细颗粒污染物（$PM_{2.5}$）治理。促进煤炭清洁利用，建设低硫、低灰配煤场，提高煤炭洗选比例，重点区域淘汰低效燃煤锅炉。推广使用天然气、煤制气、生物质成型燃料等清洁能源。加大工业烟粉尘污染防治力度，对火电、钢铁、水泥等高排放行业以及燃煤工业锅炉实施高效除尘改造。大力削减石油石化、化工等行业挥发性有机物的排放。推动柴油车尿素加注基础设施建设。实施大气联防联控重点区域城区内重污染企业搬迁改造。加强建设施工、植被破坏等因素造成的扬尘污染防治。

四、节能减排重点工程

（一）节能改造工程

——锅炉（窑炉）改造和热电联产。实施燃煤锅炉和锅炉房系统节能改造，提高锅炉热效率和运行管理水平；在部分地区开展锅炉专用煤集中加工，提高锅炉燃煤质量；推动老旧供热管网、换热站改造。推广四通道喷煤燃烧、并流蓄热石灰窑煅烧等高效窑炉节能技术。到 2015 年工业锅炉、窑炉平均运行效率分别比 2010 年提高 5 个和 2 个百分点。东北、华北、西北地区大城市居民采暖除有条件采用可再生能源外基本实行集中供热，中小城市因地制宜发展背压式热电或集中供热改造，提高热电联产在集中供热中的比重。"十二五"时期形成 7 500 万 t 标准煤的节能能力。

——电机系统节能。采用高效节能电动机、风机、水泵、变压器等更新淘汰落后耗电设备。对电机系统实施变频调速、永磁调速、无功补偿等节能改造，优化系统运行和控制，提高系统整体运行效率。开展大型水利排灌设备、电机总容量 10 万 kW 以上电机系统示范改造。2015 年电机系统运行效率比 2010 年提高 2～3 个百分点，"十二五"时期形成 800 亿 kW·h 的节电能力。

　　——能量系统优化。加强电力、钢铁、有色金属、合成氨、炼油、乙烯等行业企业能量梯级利用和能源系统整体优化改造，开展发电机组通流改造、冷却塔循环水系统优化、冷凝水回收利用等，优化蒸汽、热水等载能介质的管网配置，实施输配电设备节能改造，深入挖掘系统节能潜力，大幅度提升系统能源效率。"十二五"时期形成 4 600 万 t 标准煤的节能能力。

　　——余热余压利用。能源行业实施煤矿低浓度瓦斯、油田伴生气回收利用；钢铁行业推广干熄焦、TRT 炉顶压差发电、高炉和转炉煤气回收发电、烧结机余热发电；有色金属行业推广冶金炉窑余热回收；建材行业推行新型干法水泥纯低温余热发电、玻璃熔窑余热发电；化工行业推行炭黑余热利用、硫酸生产低品位热能利用；积极利用工业低品位余热作为城市供热热源。到 2015 年新增余热余压发电能力 2 000 万 kW，"十二五"时期形成 5 700 万 t 标准煤的节能能力。

　　——节约和替代石油。推广燃煤机组无油和微油点火、内燃机系统节能、玻璃窑炉全氧燃烧和富氧燃烧、炼油含氢尾气膜法回收等技术。开展交通运输节油技术改造，鼓励以洁净煤、石油焦、天然气替代燃料油。在有条件的城市公交客车、出租车、城际客货运输车辆等推广使用天然气和煤层气。因地制宜推广醇醚燃料、生物柴油等车用替代燃料。实施乘用车制造企业平均油耗管理制度。"十二五"时期节约和替代石油 800 万 t，相当于 1 120 万 t 标准煤。

　　——建筑节能。到 2015 年，累计完成北方采暖地区既有居住建筑供热计量和节能改造 4 亿 m² 以上，夏热冬冷地区既有居住建筑节能改造 5 000 万 m²，公共建筑节能改造 6 000 万 m²，公共机构办公建筑节能改造 6 000 万 m²。"十二五"时期形成 600 万 t 标准煤的节能能力。

　　——交通运输节能。铁路运输实施内燃机车、电力机车和空调发电车节油节电、动态无功补偿以及谐波负序治理等技术改造；公路运输实施电子不停车收费技术改造；水运推广港口轮胎式集装箱门式起重机油改电、靠港船舶使用岸电、港区运输车辆和装卸机械节能改造、油码头油气回收等；民航实施机场和地面服务设备节能改造，推广地面电源系统代替辅助动力装置等措施；加快信息技术在城市交通中的应用。深入开展"车船路港"千家企业低碳交通运输专项行动。"十二五"时期形成 100 万 t 标准煤的节能能力。

　　——绿色照明。实施"中国逐步淘汰白炽灯路线图"，分阶段淘汰普通照明用白炽灯等低效照明产品。推动白炽灯生产企业转型改造，支持荧光灯生产企业实施低汞、固汞技术改造。积极发展半导体照明节能产业，加快半导体照明关键设备、核心材料和共性关键技术研发，支持技术成熟的半导体通用照明产品在宾馆、商厦、道路、隧道、机场等领域的应用。推动标准检测平台建设。加快城市道路照明系统改造，控制过度装饰和亮化。"十二五"时期形成 2 100 万 t 标准煤的节能能力。

（二）节能产品惠民工程

加大高效节能产品推广力度。民用领域重点推广高效照明产品、节能家用电器、节能与新能源汽车等，商用领域重点推广单元式空调器等，工业领域重点推广高效电动机等，产品能效水平提高 10% 以上，市场占有率提高到 50% 以上。完善节能产品惠民工程实施机制，扩大实施范围，健全组织管理体系，强化监督检查。"十二五"时期形成 1 000 亿 kW·h 的节电能力。

（三）合同能源管理推广工程

扎实推进《国务院办公厅转发发展改革委等部门关于加快推行合同能源管理促进节能服务产业发展意见的通知》（国办发〔2010〕25 号）的贯彻落实，引导节能服务公司加强技术研发、服务创新、人才培养和品牌建设，提高融资能力，不断探索和完善商业模式。鼓励大型重点用能单位利用自身技术优势和管理经验，组建专业化节能服务公司。支持重点用能单位采用合同能源管理方式实施节能改造。公共机构实施节能改造要优先采用合同能源管理方式。加强对合同能源管理项目的融资扶持，鼓励银行等金融机构为合同能源管理项目提供灵活多样的金融服务。积极培育第三方认证、评估机构。到 2015 年，建立比较完善的节能服务体系，节能服务公司发展到 2 000 多家，其中龙头骨干企业达到 20 家；节能服务产业总产值达到 3 000 亿元，从业人员达到 50 万人。"十二五"时期形成 6 000 万 t 标准煤的节能能力。

（四）节能技术产业化示范工程

示范推广低品位余能利用、高效环保煤粉工业锅炉、稀土永磁电机、新能源汽车、半导体照明、太阳能光伏发电、零排放和产业链接等一批重大、关键节能技术。建立节能技术评价认定体系，形成节能技术分类遴选、示范和推广的动态管理机制。对节能效果好、应用前景广阔的关键产品或核心部件组织规模化生产，提高研发、制造、系统集成和产业化能力。"十二五"时期产业化推广 30 项以上重大节能技术，培育一批拥有自主知识产权和自主品牌、具有核心竞争力、世界领先的节能产品制造企业，形成 1 500 万 t 标准煤的节能能力。

（五）城镇生活污水处理设施建设工程

加大城镇污水处理设施和配套管网建设力度。"十二五"时期新建配套管网 16 万 km，新增污水日处理能力 4 200 万 t，升级改造污水日处理能力 2 600 万 t，新增再生水利用能力 2 700 万 t/d。加快城镇生活垃圾处理处置设施建设，强化垃圾渗滤液处置。"十二五"时期分别新增化学需氧量和氨氮削减能力 280 万 t、

30 万 t。

（六）重点流域水污染防治工程

加强"三河三湖"、松花江、三峡库区及上游、丹江口库区及上游、黄河中上游等重点流域和城镇饮用水水源地的综合治理，加大长江中下游和珠江流域水污染防治力度，加强湖泊生态环境保护，推进渤海等重点海域综合治理。实施一批水污染综合治理项目。推动受污染场地、土壤及其周边地下水污染治理，重点推进湘江流域重金属污染治理。大力推进重点行业污水处理设施建设，"十二五"时期造纸、纺织、食品加工、农副产品加工、化工、石化等行业分别新增污水日处理能力 300 万 t、60 万 t、60 万 t、600 万 t、200 万 t、300 万 t。

（七）脱硫脱硝工程

完成 5 056 万 kW 现役燃煤机组脱硫设施配套建设，对已安装脱硫设施但不能稳定达标的 4 267 万 kW 燃煤机组实施脱硫改造；完成 4 亿 kW 现役燃煤机组脱硝设施建设，对 7 000 万 kW 燃煤机组实施低氮燃烧技术改造。到 2015 年燃煤机组脱硫效率达到 95%，脱硝效率达到 75% 以上。钢铁烧结机、有色金属窑炉、建材新型干法水泥窑、石化催化裂化装置、焦化炼焦炉配套实施低氮燃烧改造或安装脱硫脱硝设施，高速公路沿线逐步建设柴油车脱硝尿素加注站。"十二五"时期新增二氧化硫和氮氧化物削减能力 277 万 t、358 万 t。

（八）规模化畜禽养殖污染防治工程

以规模化养殖场和养殖小区为重点，鼓励废弃物统一收集，集中治理。建设雨污分离污水收集系统和厌氧发酵处理设施，配套建设分布式粪污贮存及处理设施。加强规模化养殖场沼气预处理设施、发酵装置、沼气和沼肥利用设施建设，实现畜禽养殖场废弃物的资源化利用。到 2015 年，50% 以上规模化养殖场和养殖小区配套建设废弃物处理设施，分别新增化学需氧量和氨氮削减能力 140 万 t、10 万 t。

（九）循环经济示范推广工程

开展资源综合利用、废旧商品回收体系示范、"城市矿产"示范基地、再制造产业化、餐厨废弃物资源化、产业园区循环化改造、资源循环利用技术示范推广等循环经济重点工程建设，实现减量化、再利用、资源化。在农业、工业、建筑、商贸服务等重点领域，以及重点行业、重点流域、中西部产业承接园区实施清洁生产示范工程，加大清洁生产技术改造实施力度。加快共性、关键清洁生产技术示范和推广，培育一批清洁生产企业和工业园区。

（十）节能减排能力建设工程

推进节能监测平台建设，建立能源消耗数据库和数据交换系统，强化数据收集、数据分类汇总、预测预警和信息交流能力。开展重点用能单位能源消耗在线监测体系建设试点和城市能源计量示范建设。建设县级污染源监控中心，加强污染源监督性监测，完善区域污染源在线监控网络，建立减排监测数据库并实现数据共享。加强氨氮、氮氧化物统计监测，提高农业源污染监测和机动车污染监控能力。推进节能减排监管机构标准化和执法能力建设，加强省、市、县节能减排监测取证设备、能耗和污染物排放测试分析仪器配备。

初步测算，"十二五"时期实施节能减排重点工程需投资约 23 660 亿元，可形成节能能力 3 亿 t 标准煤，新增化学需氧量、二氧化硫、氨氮、氮氧化物削减能力分别为 420 万 t、277 万 t、40 万 t、358 万 t（见表 4）。

表 4　"十二五"节能减排规划投资需求

工程名称	投资需求（亿元）	节能减排能力（万 t）
节能重点工程	9 820	30 000（标准煤）
减排重点工程	8 160	420（化学需氧量）、277（二氧化硫）、40（氨氮）、358（氮氧化物）
循环经济重点工程	5 680	支撑实现上述节能减排能力
总计	23 660	

五、保障措施

（一）坚持绿色低碳发展

深入贯彻节约资源和保护环境基本国策，坚持绿色发展和低碳发展。坚持把节能减排作为落实科学发展观、加快转变经济发展方式的重要着力点，加快构建资源节约、环境友好的生产方式和消费模式，增强可持续发展能力。在制定实施国家有关发展战略、专项规划、产业政策以及财政、税收、金融、价格和土地等政策过程中，要体现节能减排要求，发展目标要与节能减排约束性指标衔接，政策措施要有利于推进节能减排。

（二）强化目标责任评价考核

综合考虑经济发展水平、产业结构、节能潜力、环境容量及国家产业布局等因素，合理确定各地区、各行业节能减排目标。进一步完善节能减排统计、监测、考核体系，健全节能减排预警机制，建立健全行业节能减排工作评价制度。各地区要将国家下达的节能减排目标分解落实到下一级政府、有关部门和重点单位。国务院每年组织开展省级人民政府节能减排目标责任评价考核，考核结果作为领导班子和领导干部综合考核评价的重要内容，纳入政府绩效管理，实行问责制，并按照有关规定对做出突出成绩的地区、单位和个人给予表彰奖励。地方各级人民政府要切实抓好本地区节能减排目标责任评价考核。

（三）加强用能节能管理

明确总量控制目标和分解落实机制，实行目标责任管理。建立能源消费总量预测预警机制，对能源消费总量增长过快的地区及时预警调控。在工业、建筑、交通运输、公共机构以及城乡建设和消费领域全面加强用能管理，切实改变敞开供应能源、无约束使用能源的现象。依法加强年耗能万吨标准煤以上用能单位节能管理，开展万家企业节能低碳行动，落实目标责任，实行能源审计，开展能效水平对标活动，建立能源管理师制度，提高企业能源管理水平。在大气联防联控重点区域开展煤炭消费总量控制试点，从严控制京津唐、长三角、珠三角地区新建燃煤火电机组。

（四）健全节能环保法律、法规和标准

完善节能环保法律、法规和标准体系。推动加快制（修）订大气污染防治法、排污许可证管理条例、畜禽养殖污染防治条例、重点用能单位节能管理办法、节能产品认证管理办法等。加快节能环保标准体系建设，扩大标准覆盖面，提高准入门槛。组织制（修）订粗钢、铁合金、焦炭、多晶硅、纯碱等 50 余项高耗能产品强制性能耗限额标准，高压三相异步电动机、平板电视机等 40 余项终端用能产品强制性能效标准，制定钢铁、水泥等行业能源管理体系标准等。健全节能和环保产品及装备标准。完善环境质量标准。加快重点行业污染物排放标准的制（修）订工作，根据氨氮、氮氧化物控制目标要求制定实施排放标准，加强标准实施的后评估工作。

（五）完善节能减排投入机制

加大中央预算内投资和中央节能减排专项资金对节能减排重点工程和能力建设的支持力度，继续安排国有资本经营预算支出支持企业实施节能减排项目。完善"以奖代补"、"以奖促治"以及采用财政补贴方式推广高效节能产品和合同能源管理等支持机制，强化财政资金的引导作用。支持军队重点用能设施设备节能改造。地方各级人民政府要进一步加大对节能减排的投入，创新投入机制，发挥多层次资本市场融资功能，多渠道引导企业、社会资金积极投入节能减排。完善财政补贴方式和资金管理办法，强化财政资金的安全性和有效性，提高财政资金使用效率。

（六）完善促进节能减排的经济政策

深化资源性产品价格改革，理顺煤、电、油、气、水、矿产等资源类产品价格关系，建立充分反映市场供求、资源稀缺程度以及环境损害成本的价格形成机制。完善差别电价、峰谷电价、惩罚性电价，尽快出台鼓励余热余压发电和煤层气发电的上网政策，全面推行居民用电阶梯价格。严格落实脱硫电价，研究完善燃煤电厂烟气脱硝电价政策。完善矿业权有偿取得制度。加快供热体制改革，全面实施热计量收费制度。完善污水处理费政策。改革垃圾处理收费方式，提高收缴率，降低征收成本。完善节能产品政府采购制度。扩大环境标志产品政府采购范围，完善促进节能环保服务的政府采购政策。落实国家支持节能减排的税收优惠政策，改革资源税，加快推进环境保护税立法工作，调整进出口税收政策，合理调整消费税范围和税率结构。推进金融产品和服务方式创新，积极改进和完善节能环保领域的金融服务，建立企业节能环保水平与企业信用等级评定、贷款联动机制，探索建立绿色银行评级制度。推行重点区域涉重金属企业环境污染责任保险。

（七）推广节能减排市场化机制

加大能效标识和节能环保产品认证实施力度，扩大能效标识和节能产品认证实施范围。建立高耗能产品（工序）和主要终端用能产品能效"领跑者"制度，明确实施时限。推进节能发电调度。强化电力需求侧管理，开展城市综合试点。加快建立电能管理服务平台，充分运用电力负荷管理系统，完善鼓励电网企业积极参与电力需求侧管理的考核与奖惩机制。加强政策落实和引导，鼓励采用合同能源管理实施节能改造，推动城镇污水、垃圾处理以及企业污染治理等环保设施社会化、专业化运营。深化排污权有偿使用和交易制度改革，建立完善排污权有偿使用和交易政策体系，研究制定排污权交易初始价格和交易价格政策。开展碳排放交易试点。推进资源型经济转型改革试验。健全污染者付费制度，完善矿产资源补偿制度，加快建立生态补偿机制。

（八）推动节能减排技术创新和推广应用

深入实施节能减排科技专项行动，通过国家科技重大专项和国家科技计划（专项）等对节能减排相关科研工作给予支持。完善节能环保技术创新体系，加强基础性、前沿性和共性技术研发，在节能环保关键技术领域取得突破。加强政府指导，推动建立以企业为主体、市场为导向、多种形式的产学研战略联盟，鼓励企业加大研发投入。重点支持成熟的节能减排关键、共性技术与装备产业化示范和应用，加快产业化基地建设。发布节能环保技术推广目录，加快推广先进、成熟的新技术、新工艺、新设备和新材料。加强节能环保领域国际交流合作，加快国外先进适用节能减排技术的引进吸收和推广应用。

（九）强化节能减排监督检查和能力建设

加强节能减排执法监督，依法从严惩处各类违反节能减排法律法规的行为，实行执法责任制。强化重点用能单位、重点污染源和治理设施运行监管，推动污染源自动监控数据联网共享。完善工业能源消费统计，建立建筑、交通运输、公共机构能源消费统计制度、地区单位生产总值能耗指标季度统计制度，强化统计核算与监测。健全节能管理、监察、服务"三位一体"节能管理体系，形成覆盖全国的省、市、县三级节能监察体系。突出抓好重点用能单位能源利用状况报告、能源计量管理、能耗限额标准执行情况等监督检查。

（十）开展节能减排全民行动

深入开展节能减排全民行动，抓好家庭社区、青少年、企业、学校、军营、农村、政府机构、科技、科普和媒体等十个专项行动。把节能减排纳入社会主义核心价值观宣传教育以及基础教育、文化教育、职业教育体系，增强危机意识。充分发挥广播影视、文化教育等部门以及新闻媒体和相关社会团体的作用，组织好节能宣传周、世界环境日等主题宣传活动。加强日常宣传和舆论监督，宣传先进、曝光落后、普及知识，崇尚勤俭节约、反对奢侈浪费，推动节能、节水、节地、节材、节粮，倡导与我国国情相适应的文明、节约、绿色、低碳生产方式和消费模式，积极营造良好的节能减排社会氛围。

六、规划实施

节约资源和保护环境是我国的基本国策，推进节能减排工作，加快建设资源节约型、环境友好型社会是我国经济社会发展的重大战略任务。各级人民政府和有关部门要切实履行职责，扎实工作，进一步强化目标责任评价考核，加强监督检查，保障规划目标和任务的完成。地方各级人民政府要对本地区节能减排工作负总责，切实加强组织领导和统筹协调，做好本地区节能减排规划与本规划主要目标、重点任务的协调，特别要加强约束性指标的衔接，抓好各项目标任务的分解落实，强化政策统筹协调，做好相关规划实施的跟踪分析。发展改革委、环境保护部要会同有关部门加强对本规划执行的支持和指导，认真做好规划实施的监督评估，重视研究新情况，解决新问题，总结新经验，重大问题及时向国务院报告。

附录 5-9 工业和信息化部关于印发 2013 年食品安全重点工作安排的通知

工业和信息化部关于印发 2013 年食品安全重点工作安排的通知

工信部消费[2013]136 号

为进一步贯彻《国务院关于加强食品安全工作的决定》（国发[2012]20 号），落实《国务院办公厅关于印发 2013 年食品安全重点工作安排的通知》（国办发[2013]25 号）要求，按照全国工业和信息化工作会议部署，围绕加快工业转型升级，强化食品工业以"安全为先"保发展的行业管理工作，不断提高食品安全保障水平，促进食品工业健康有序发展，制定《工业和信息化部 2013 年食品安全重点工作安排》。现印发你们，请结合本地区、本行业、本企业的实际，认真贯彻落实。

工业和信息化部
2013 年 4 月 23 日

工业和信息化部 2013 年食品安全重点工作安排

一、加强和改善食品工业行业管理

（一）组织实施发展规划。继续做好《食品工业"十二五"发展规划》和粮食加工业、马铃薯加工业、肉类工业、制糖工业以及葡萄酒行业发展规划的组织实施工作；细化规划的年度工作，跟踪了解规划实施进展及目标任务、政策措施落实情况，协调解决规划实施中的问题，组织开展规划中期评估工作。

（二）严格执行产业政策。继续严格执行乳制品工业产业政策，巩固审核清理工作成果，促进行业健康有序发展；认真落实《关于促进我国大豆产业健康发展的若干意见》，进一步落实浓缩果蔬汁（浆）和葡萄酒行业准入条件，促进加工能力与原料保障协调发展；继续开展淘汰落后产能工作，完成酒精、味精和柠檬酸行业淘汰落后目标任务。

（三）加强标准体系建设。按照"边清理、边完善"的工作原则，进一步清理和整合现行食品行业标准；加快制（修）订食品基础标准、产品标准、方法标准、管理标准等行业标准，进一步提升标准的通用性、科学性和实用性；参与国际标准追踪研究，配合做好食品安全国家标准制（修）订工作。

（四）推进产业结构调整。引导和推动优势企业实施强强联合、跨地区兼并重组，提高产业集中度；继续推动食品工业成为资源优势明显的中西部地区的重点支柱产业，促进食品工业集群集聚发展和新型工业化示范基地建设；加快实施创新驱动发展战略，鼓励企业加强研发和创新投入，实行产品差异化，避免恶性低价竞争。

（五）促进企业技术改造。加强食品安全检（监）测能力建设，安排技术改造资金，支持食品企业质量与安全检验检测仪器及环境监测技术改造、食品企业质量安全可追溯体系建设和检测技术示范中心建设；支持中西部地区清真食品、砖茶等特色产业升级和技术改造；支持米面制品、豆制品、肉制品、水产制品等食品货架期延长技术、工艺流程标准化等技术应用和升级改造；组织开展技术改造项目实施效果评价工作。

（六）提升安全保障能力。建设一批食品企业质量安全检测技术示范中心，指导一批食品企业提升质量安全检测能力，培训一批中小食品企业的质量检测队伍；加快食品安全信息化建设，支持婴幼儿配方乳粉、酒类生产企业运用物联网技术建立产品质量可追溯体系；在白酒、乳制品、食用油等行业采取调整生产工艺设备，推动实施以钢代塑、更换产品包装材料等措施，提升企业质量安全保障水平；加强对乳制品行业发展的指导帮扶，组织实施提高国产乳品质量、提振国内消费信心行动计划（"双提"行动），全面推动行业持续健康发展。

（七）督促企业强化管理。督促企业强化内部食品安全管理，设置食品安全管理机构，明确分管责任人，健全质量安全管理体系；严格落实原料与产品进货查验、出厂检验、索证索票、购销台账记录及企业食品安全事故报告等各项管理制度；保持食品安全能力建设资金投入，加强法制和专业技能培训，落实质量安全保障条件。

二、全面推进诚信管理体系建设

（一）加强工作督促指导。继续加强对行业组织和食品企业工作的指导，加快推进规模以上乳制品、肉类食品等食品行业企业建立并运行诚信管理体系；有序推进企业诚信管理体系评价工作；加强企业社会责任建设，鼓励企业发布社会责任报告。

（二）完善诚信制度建设。进一步完善评价工作规则，规范诚信体系评价工作，加强对委托评价机构的业务指导和督促检查；配合相关部门建立实施"黑名单"制度，公告一批严重失信食品企业名单；支持地方和行业诚信信息公共服务平台建设，促进诚信信息互联互通。

（三）组织专题业务培训。继续组织编写冷冻食品、白酒等食品重点行业诚信管理体系建立及实施指南手册。加强对诚信管理体系标准的宣贯和评价人员培训，组织完成对 12 000 人次/a 的培训工作；组织开展对 22 家诚信管理体系评价机构的评价人员年度专业培训。

（四）开展工作经验交流。加强地区间、行业间、企业间诚信建设交流，总结推广工作中的好做法和可行经验，营造诚信建设的舆论影响和示范引导的氛围。

三、配合开展食品安全专项整治

（一）深化综合治理工作。继续配合开展乳制品、酒类、肉类、调味品、食品包装材料等综合治理；指导和督促企业完善食品标签标识规定，着力解决食品标签标识不规范问题，严禁标签不合格产品出厂、上市；配合开展食品安全风险隐患大排查大治理专项执法行动，全面排查食品可能受到邻苯二甲酸酯类物质污染问题；配合做好餐厨废弃物资源化利用和无害化处理试点工作。

（二）继续开展专项整治。全面加强对农药生产经营监管力度，依法查处违法违规生产经营单位；配合做好打击违法添加非食用物质和滥用食品添加剂专项整治，重点排查列入《食品中可能违法添加的非食用物质和易滥用的食品添加剂名单》的物质；配合做好打击"地沟油"、"私屠滥宰"违法犯罪等工作。

四、继续加强食品安全宣传教育

（一）开展宣传教育活动。在食品行业继续深入开展"讲诚信、保质量、树新风"活动，牢固树立"企业诚实守信，产品质量第一，生产者对消费者负责"的行业新风；组织搞好 2013 年食品安全宣传周等重大宣传活动，提高社会公众的食品安全意识、认知水平和应对风险能力；广泛普及食品安全法律法规和科学知识，加强对从业人员职业道德教育，提高从业人员素质；继续配合做好互联网信息内容管理，禁止传播和炒作虚假信息的行为。

（二）发挥行业自律作用。督促行业组织建立健全各项自律性管理制度，制定并组织实施行业职业道德准则，完善行业自律性管理约束机制；充分发挥行业组织在参与食品安全法律法规、政策、标准的制定、宣传教育以及在行业贯彻落实等方面的作用，指导帮助企业牢固树立"质量第一、安全为先"的发展理念，推广先进质量管理方法，促进管理创新，全面提升行业诚信自律水平。

五、加强组织领导和督促检查

（一）加强工作组织领导。各地工业和信息化主管部门要切实加强组织领导，牢固树立产业"安全为先"，以发展促安全、以安全保发展的理念，不断提高思想认识，增强使命感、紧迫感，始终把保障食品安全作为食品行业管理的重要基础工作，扎实抓好落实，努力完成全年保安全、促发展的各项任务。

（二）精心组织贯彻实施。各地工业和信息化主管部门要按照工作安排的要求，结合本地实际制定具体实施方案，明确完成时限和考核指标，做到目标明确，措施到位、责任到位，落实到位；要加强与相关部门的工作协调，密切协作、上下联动、齐抓共管、形成合力。

（三）加强工作督促检查。各地工业和信息化主管部门要切实改进工作作风，进一步完善食品安全绩效评价工作，逐级健全督查考核制度；要认真自查工作进度，做好工作总结，年度总结在 2014 年 1 月 20 日前报送我部（消费品工业司）。为确保各项工作扎实推进，我部将适时开展督促检查。

附录 5-10　2016 年中华人民共和国国家发展和改革委员会、中华人民共和国环境保护部、中华人民共和国工业和信息化部第 8 号公告

中华人民共和国国家发展和改革委员会
中 华 人 民 共 和 国 环 境 保 护 部
中 华 人 民 共 和 国 工 业 和 信 息 化 部
公　告

2016 年　第 8 号

《清洁生产评价指标体系制（修）订计划（第一批）》（国家发展和改革委员会、环境保护部、工业和信息化部 2014 年第 16 号公告）公布以来，相关工作进展顺利，计划任务基本完成。

按照中央编办要求，为加快清洁生产评价指标体系修编整合工作，指导重点行业推行清洁生产，经公开征求编制建议并筛选，国家发展改革委会同环境保护部、工业和信息化部研究制定了《清洁生产评价指标体系制（修）订计划（第二批）》（见附件），现予以发布。

请各承担单位按照《清洁生产评价指标体系编制导则》（试行）抓紧组织开展编制工作。请中国环境科学研究院清洁生产与循环经济研究中心协助做好相关技术审查工作。待条件成熟时，国家发展改革委将会同环境保护部、工业和信息化部另行分批发布制（修）订的重点行业清洁生产评价指标体系。

附件：清洁生产评价指标体系制（修）订计划（第二批）

国家发展改革委

环境保护部

工业和信息化部

2016 年 4 月 8 日

附件：清洁生产评价指标体系制（修）订计划（第二批）

序号	所属行业	名称	承担单位	立项依据
4	调味品、发酵制品制造	发酵行业（味精）清洁、生产评价指标体系	中国生物发酵、产业协会	水污染防治行动、计划（九）

附件：5-11 国务院关于印发"十三五"生态环境保护规划的通知

国务院关于印发"十三五"生态环境保护规划的通知

国发[2016]65 号

各省、自治区、直辖市人民政府，国务院各部委、各直属机构：

现将《"十三五"生态环境保护规划》印发给你们，请认真贯彻实施。

国务院
2016 年 11 月 24 日

第二节 深入推进重点污染物减排

改革完善总量控制制度。以提高环境质量为核心，以重大减排工程为主要抓手，上下结合，科学确定总量控制要求，实施差别化管理。优化总量减排核算体系，以省级为主体实施核查核算，推动自主减排管理，鼓励将持续有效改善环境质量的措施纳入减排核算。加强对生态环境保护重大工程的调度，对进度滞后地区及早预警通报，各地减排工程、指标情况要主动向社会公开。总量减排考核服从于环境质量考核，重点审查环境质量未达到标准、减排数据与环境质量变化趋势明显不协调的地区，并根据环境保护督查、日常监督检查和排污许可执行情况，对各省（区、市）自主减排管理情况实施"双随机"抽查。大力推行区域性、行业性总量控制，鼓励各地实施特征性污染物总量控制，并纳入各地国民经济和社会发展规划。

推动治污减排工程建设。各省（区、市）要制定实施造纸、印染等十大重点涉水行业专项治理方案，大幅降低污染物排放强度。电力、钢铁、纺织、造纸、石油石化、化工、食品发酵等高耗水行业达到先进定额标准。以燃煤电厂超低排放改造为重点，对电力、钢铁、建材、石化、有色金属等重点行业，实施综合治理，对二氧化硫、氮氧化物、烟粉尘以及重金属等多污染物实施协同控制。各省（区、市）应于 2017 年年底前制定专项治理方案并向社会公开，对治理不到位的工程项目要公开曝光。制定分行业治污技术政策，培育示范企业和示范工程。

专栏3　推动重点行业治污减排

（一）造纸行业

力争完成纸浆无元素氯漂白改造或采取其他低污染制浆技术，完善中段水生化处理工艺，增加深度治理工艺，进一步完善中控系统。

（二）印染行业

实施低排水染整工艺改造及废水综合利用，强化清污分流、分质处理、分质回用，完善中段水生化处理，增加强氧化、膜处理等深度治理工艺。

（三）味精行业

提高生产废水循环利用水平，分离尾液和离交尾液采用絮凝气浮和蒸发浓缩等措施，外排水采取厌氧—好氧二级生化处理工艺；敏感区域应深度处理。

（四）柠檬酸行业

采用低浓度废水循环再利用技术，高浓度废水采用喷浆造粒等措施。

（五）氮肥行业

开展工艺冷凝液水解解析技术改造，实施含氰、含氨废水综合治理。

（六）酒精与啤酒行业

低浓度废水采用物化—生化工艺，预处理后由园区集中处理。啤酒行业采用就地清洗技术。

（七）制糖行业

采用无滤布真空吸滤机、高压水清洗、甜菜干法输送及压粕水回收，推进废糖蜜、酒精废醪液发酵还田综合利用，鼓励废水生化处理后回用，敏感区域执行特别排放限值。

（八）淀粉行业

采用厌氧+好氧生化处理技术，建设污水处理设施在线监测和中控系统。

（九）屠宰行业

强化外排污水预处理，敏感区域执行特别排放限值，有条件的采用膜生物反应器工艺进行深度处理。

（十）磷化工行业

实施湿法磷酸净化改造，严禁过磷酸钙、钙镁磷肥新增产能。发展磷炉尾气净化合成有机化工产品，鼓励各种建材或建材添加剂综合利用磷渣、磷石膏。

（十一）煤电行业

加快推进燃煤电厂超低排放和节能改造。强化露天煤场抑尘措施，有条件的实施封闭改造。

（十二）钢铁行业

完成干熄焦技术改造，不同类型的废水应分别进行预处理。未纳入淘汰计划的烧结机和球团生产设备全部实施全烟气脱硫，禁止设置脱硫设施烟气旁路；烧结机头、机尾、焦炉、高炉出铁场、转炉烟气除尘等设施实施升级改造，露天原料场实施封闭改造，原料转运设施建设封闭皮带通廊，转运站和落料点配套抽风收尘装置。

（十三）建材行业

原料破碎、生产、运输、装卸等各环节实施堆场及输送设备全封闭、道路清扫等措施，有效控制无组织排放。水泥窑全部实施烟气脱硝，水泥窑及窑磨一体机进行高效除尘改造；平板玻璃行业推进"煤改气"、"煤改电"，禁止掺烧高硫石油焦等劣质原料，未使用清洁能源的浮法玻璃生产线全部实施烟气脱硫，浮法玻璃生产线全部实施烟气高效除尘、脱硝；建筑卫生陶瓷行业使用清洁燃料，喷雾干燥塔、陶瓷窑炉安装脱硫除尘设施，氮氧化物不能稳定达标排放的喷雾干燥塔采取脱硝措施。

（十四）石化行业

催化裂化装置实施催化再生烟气治理，对不能稳定达标排放的硫黄回收尾气，提高硫黄回收率或加装脱硫设施。

（十五）有色金属行业

加强富余烟气收集，对二氧化硫含量大于 3.5%的烟气，采取两转两吸制酸等方式回收。低浓度烟气和制酸尾气排放超标的必须进行脱硫。规范冶炼企业废气排放口设置，取消脱硫设施旁路。

控制重点地区重点行业挥发性有机物排放。全面加强石化、有机化工、表面涂装、包装印刷等重点行业挥发性有机物控制。细颗粒物和臭氧污染严重省份实施行业挥发性有机污染物总量控制，制定挥发性有机污染物总量控制目标和实施方案。强化挥发性有机物与氮氧化物的协同减排，建立固定源、移动源、面源排放清单，对芳香烃、烯烃、炔烃、醛类、酮类等挥发性有机物实施重点减排。开展石化行业"泄漏检测与修复"专项行动，对无组织排放开展治理。各地要明确时限，完成加油站、储油库、油罐车油气回收治理，油气回收率提高到90%以上，并加快推进原油成品油码头油气回收治理。涂装行业实施低挥发性有机物含量涂料替代、涂装工艺与设备改进，建设挥发性有机物收集与治理设施。印刷行业全面开展低挥发性有机物含量原辅料替代，改进生产工艺。京津冀及周边地区、长三角地区、珠三角地区，以及成渝、武汉及其周边、辽宁中部、陕西关中、长株潭等城市群全面加强挥发性有机物排放控制。

　　总磷、总氮超标水域实施流域、区域性总量控制。总磷超标的控制单元以及上游相关地区要实施总磷总量控制，明确控制指标并作为约束性指标，制定水质达标改善方案。重点开展 100 家磷矿采选和磷化工企业生产工艺及污水处理设施建设改造。大力推广磷铵生产废水回用，促进磷石膏的综合加工利用，确保磷酸生产企业磷回收率达到 96% 以上。沿海地级及以上城市和汇入富营养化湖库的河流，实施总氮总量控制，开展总氮污染来源解析，明确重点控制区域、领域和行业，制定总氮总量控制方案，并将总氮纳入区域总量控制指标。氮肥、味精等行业提高辅料利用效率，加大资源回收力度。印染等行业降低尿素的使用量或使用尿素替代助剂。造纸等行业加快废水处理设施精细化管理，严格控制营养盐投加量。强化城镇污水处理厂生物除磷、脱氮工艺，实施畜禽养殖业总磷、总氮与化学需氧量、氨氮协同控制。

参考文献

[1] 中华人民共和国清洁生产促进法（2012 年 2 月 29 日十一届全国人大常委会第 25 次会议通过，7 月 1 日颁布实施）.

[2] 清洁生产审核办法. 国家发改委、环境保护部令 38 号. 2016.

[3] 国家环保总局. 企业清洁生产审计手册[M]. 北京：中国环境科学出版社，1996.

[4] 国务院关于发布实施《促进产业结构调整暂行规定》的决定（国发[2005]40 号）.

[5] 国务院关于印发节能减排综合性工作方案的通知（国发[2007]15 号）.

[6] 产业结构调整指导目录（2011 年本）（发展改革委令 2011 第 9 号）.

[7] 国务院关于印发节能减排综合性工作方案的通知（国发[2007]15 号）.

[8] 国务院〈轻工业调整和振兴规划〉（2009-05-18）.

[9] 国务院关于进一步加强淘汰落后产能工作的通知（国发[2010]7 号）.

[10] 国务院关于进一步加大工作力度确保实现"十一五"节能减排目标的通知（国发[2010]12 号）.

[11] 关于促进玉米深加工业健康发展的指导意见（发改工业[2007]2245 号）.

[12] 中国节水技术政策大纲（国家发改委公告 2005 第 17 号）.

[13] 禁止未达到排污标准的企业生产、出口柠檬酸产品公告 2002 年第 92 号.

[14] 国家重点行业清洁生产技术导向目录（第三批）（国家发改委公告 2006 第 86 号）.

[15] 发酵行业清洁生产评价指标体系（国家发改委公告 2007 第 41 号）.

[16] 发酵行业清洁生产技术推行方案（国家工信部.2010-02-22）.

[17] 轻工业技术进步与技术改造投资方向（2009—2011 年）（国家发改委.2009-05-18）.

[18] 关于 2007 年度全国重点企业清洁生产审核情况的通报（环函[2008]387 号）.

[19] 关于 2008 年度全国重点企业清洁生产审核情况的通报（环函[2009]315 号）.

[20] 关于 2009 年度全国重点企业清洁生产审核及评估验收情况的通报（环函[2010]369 号）.

[21] 关于 2010 年度全国重点企业清洁生产审核及评估验收情况的通报（环函[2011]314 号）.

[22] 全国重点企业清洁生产公告（第一批）（环境保护部公告 2010 第 62 号）.

[23] 全国重点企业清洁生产公告（第二批）（环境保护部公告 2010 第 89 号）.

[24] 全国重点企业清洁生产公告（第三批）（环境保护部公告 2011 第 52 号）.

[25] 全国重点企业清洁生产公告（第四批）（环境保护部公告 2011 第 94 号）.

[26] 全国重点企业清洁生产公告（第五批）（环境保护部公告 2012 第 57 号）.